広松伝

hiromatsu tsutae

よみがえれ！〝宝の海〟有明海

問題の解決策の核心と提言

藤原書店

はしがき

わたしは堀が日本一大規模にめぐった柳川市蒲生で生まれ育った。

物心ついた頃には堀の中、季節や魚種に合わせて多様な漁法を駆使して魚を追い、泳ぎ戯れて育った。これまでの人生で一番素晴らしかったことは、その豊かな堀で泳ぎ戯れ魚を追った毎日の暮らしであった。ところが、われわれがつきあいを怠ったため、汚濁荒廃が進んで哀れな姿を晒してからもう久しい。そしていま、どんなに金を積んでもあんなに素晴らしい体験は、日常の暮らしの中ではできなくなってしまった。なんとしてもかつての豊かな堀や川を暮らしに取り戻して次世代へ繋いでいきたい。そうすることは、祖先たちから豊かな水環境を受け継いだわれわれの世代の責務であると思うからである。

汚濁荒廃が進んだ母（堀）から追い出されて、新しい母（有明海）の元へ逃げ込み、自分で舟を持ったのが、昭和五十（一九七五）年の暮れのことである。再びわたしの人生は何倍も豊かになった。

しかし、それも束の間、海底の地盤沈下に始まった新しい母の病は、深刻の度を増すばかりで、いまや瀕死の重病人。わたしは再び新しい母のもとから追い出されようとしている。

今年（二〇〇一年）に入って、ノリ不作を契機に有明海問題が大きくクローズアップされてきた。連日テレビ、新聞を賑わせてきたが、それはもっぱら諫早湾問題に議論が終始しているばかりで、有明海全体の再生とは程遠い。確かに諫早湾の〝ギロチン〟が、有明海の生産力を大きく低下させたこと、そして、それはまったく無駄な公共事業であることは十二分に理解しているし、その議論の意義が大きな事をも認めたうえで、やはりそう思う。

有明海異変がクローズアップされて、かなりの時が経過した。しかし、魚貝類の絶滅・激減、ノリの不作と大きく関係している問題については、いまだに全く議論されることがない。「有明海でこれまで何がやられてきたか」こそが問題で、それを全て洗い出すことから再生の道が開けてくる。洗い出すことは決して関係者の責任を問うものではないことを全ての人に理解していただきたい。

わたしはこの二十五年間、柳川地方の基盤である堀の再生を皮切りに、全国の水環境の再生と保全に微力を注いできた。その二十五年はまた、自分で舟を持ち、年間平均百回以上有明海に出てきた二十五年でもあった。この二十五年余、母なる有明海とともに生き、未熟ではあるが科学の目でつぶさに観察してきた自分こそ、この問題に真っ向から取り組んでいかなければ、と決意し、本書を出すことにした。

本書を纏めるにあたって熱心に出版をすすめていただき、多忙な中、柳川まで講演の収録に来ていただいた藤原書店の藤原良雄社長、講演のテープ起こしから出版にいたるまで全面的に精力的に取り組んでいただいた藤原書店の清藤洋氏に厚く感謝申し上げ、本書が有明海の再生と全国の水環境の保全と再生に、多少なりと役立つことを願う。

平成十三年六月二十八日

広松　伝

よみがえれ！〝宝の海〟有明海／目次

第Ⅰ部　瀕死の有明海

第II部

水再生の思想

よみがえれ！〝宝の海〟有明海

――問題の解決策の核心と提言――

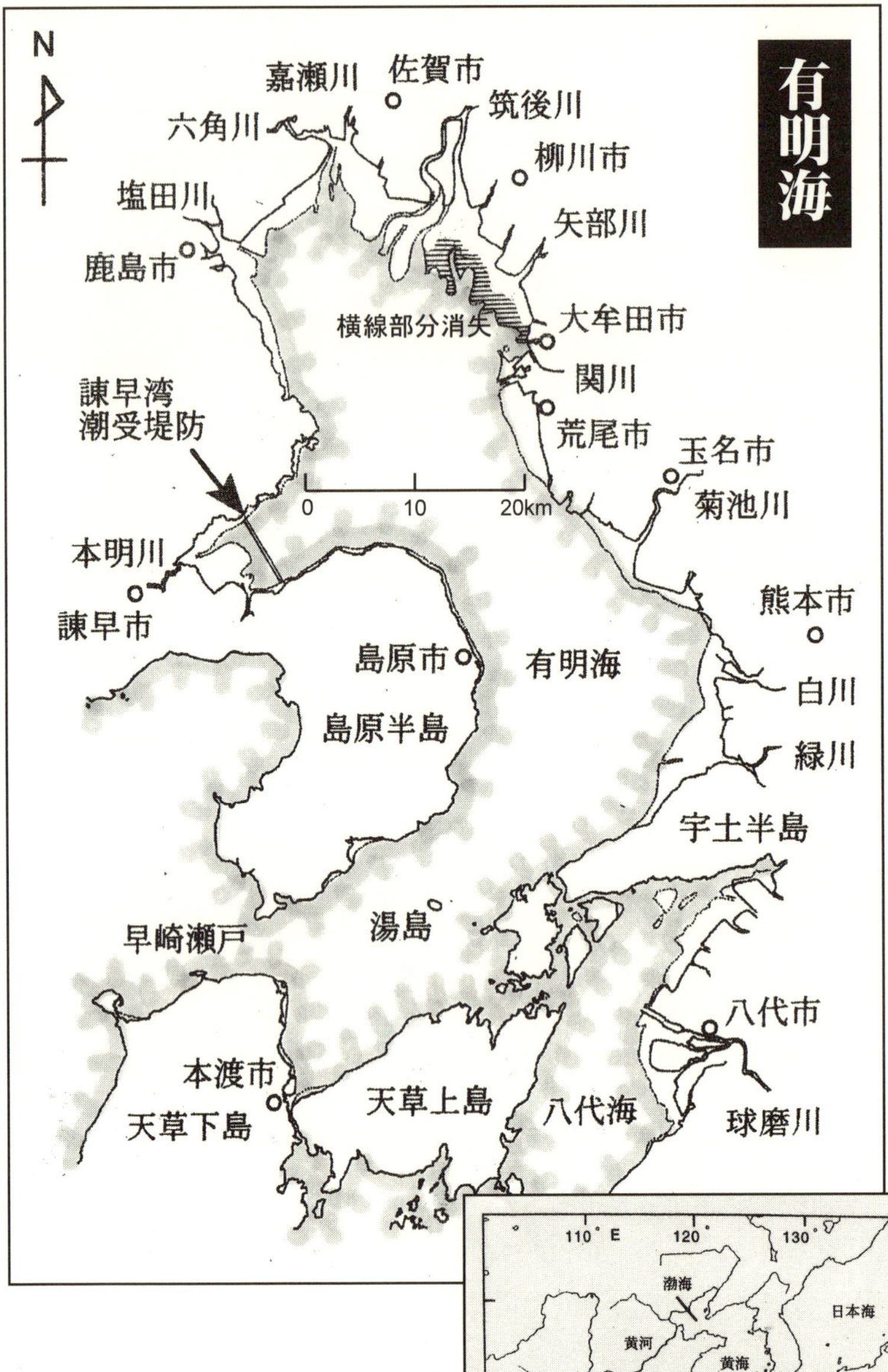

有明海
N
嘉瀬川
佐賀市
筑後川
六角川
柳川市
塩田川
矢部川
鹿島市
横線部分消失
大牟田市
関川
諫早湾
潮受堤防
荒尾市
玉名市
0
10
20km
菊池川
本明川
熊本市
諫早市
島原市
有明海
白川
島原半島
緑川
宇土半島
湯島
早崎瀬戸
八代市
本渡市
天草上島
八代海
球磨川
天草下島

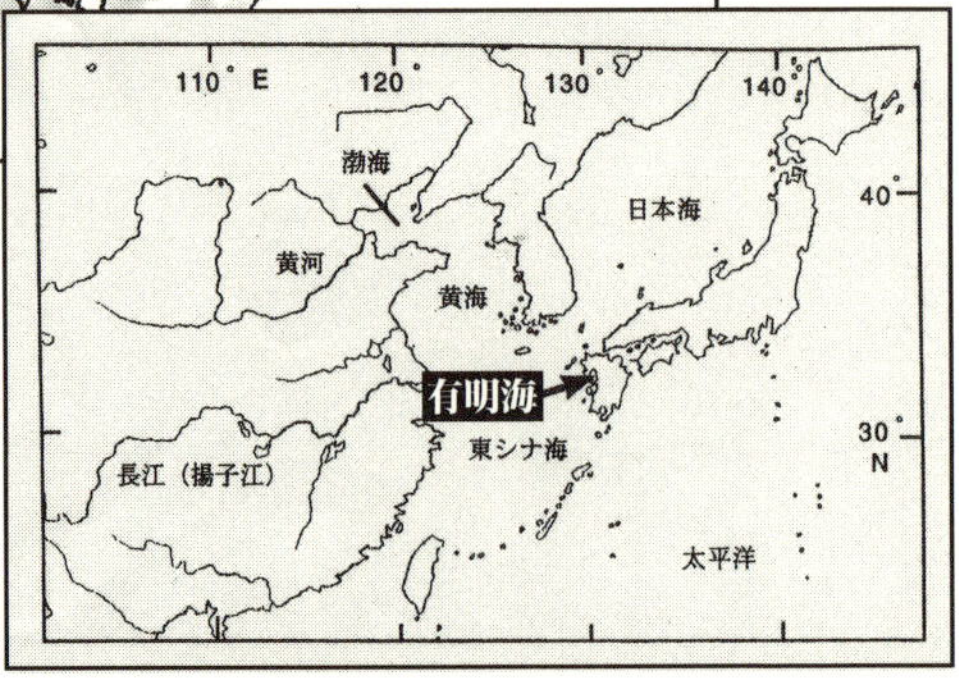

110° E
120°
130°
140°
40°
渤海
日本海
黄河
黄海
有明海
30°
N
東シナ海
長江（揚子江）
太平洋

有明海問題の真相

異変はいまに始まった訳ではない

いま、有明海が病んでいる。

有明海異変をめぐる議論が新聞・テレビで連日報じられているが、その議論は有明海再生とは程遠い。議論に登場しているすべてのマスコミ・学者・運動家・市民団体は、有明海異変問題をもっぱら公共事業をめぐる議論にすり替えてしまっている。それに国までもが完全に巻き込まれているのが残念で腹立たしい。有明海でこれまで何がやられてきたかこそが問題だ。

異変は、いまに始まった訳ではない。一九七〇年代有明鉱で採炭が始まると間もなく、坑内水の排出口近くで塩分濃度が低下してノリ養殖に悪影響を及ぼすという騒ぎになり、海底の地盤沈下も進んでいった。七九年三月から八〇年九月までのわずか一年半で大和干拓地先では、ひどいところでは、二メートル以上も沈下するという凄まじさで、以後、福岡県の海域のほとんどに沈下は拡がり、干潟の大半が失われてしまった。長崎県では、ギロチンである。有明海の子宮、諫早湾の干潟が完全に失われた。有機物の分解（有機栄養塩の無機化）機能、生物育成機能がほとんどなくなって有明海の生産力を大きく低下させた。

八一年には、ノリ生産者が箱船をその使用をカムフラージュするため、ブルーやグリーン色に塗りかえるという珍現象まで見られた。マラカイトグリーン処理である。さすがに、これは大きな問題となり、マスコミでも大きく取り上げられ、関係機関では直ちに禁止を指示した。

問題の酸処理

その頃、酸処理（ノリの病原菌・雑菌の酸による殺菌処理）が始まったが、筆者ら市民団体が抗議をつづける中、八四年に福岡県が一漁期四回までを条件に使用を認めると、酸処理はエスカレートして一時はノリの摘採の度毎に行われた。当初、酸処理に強く反対していた佐賀県も酸処理に踏み切ると、有明海はドロ沼へ。さらに、ノリ網の支柱にフジツボの防除塗料（商品名、ふじつぼくんさようなら等）が福岡県の一部で一時塗られて、異変に追い打ちをかけた。アサリは激減し、生き残ったものも身が小さく味も落ち、名物のアゲマキは絶滅。タイラギも含むほとんどの魚貝が激減した。

酸処理も、一応やむを得ない場合に限り、細心の注意を払い、きちんとルールも守ることになっているだろうが、それでも陸上で農薬を使用するようにはいかない。海の中では狙いを定めて効果的に使用することは不可能に近い。満潮時でさえ、水深わずか数メートルの有明海である。酸処理の残液をダイレクトに海に排出したのでは、底生動物や微生物は堪ったものではない。

これまでやられてきた酸処理は、底生動物や生態系の循環の立役者である微生物に大きなダメージをもたらすのは必至だ。その結果、有機栄養塩の無機化が進まず、水質汚濁、ヘドロ（有機物の分解が滞ったもの）化、無機栄養塩の不足が生じ、結局大量の化学肥料（硫安。農作物の生育を促進させるための化学肥料、硫酸アンモニウム）が使用される。

筆者は、九九年二月七日佐賀県において、大量の硫安がクレーン車で漁船に積み込まれている現場に遭遇した。翌八日、一〇日とスズキ釣りに出たが、福岡県の漁場でさえ植物プランクトンが爆発的に発生。一週間後の一五日になると、わずか海面下四〇センチの船外機のプロペラが見えない程のひどさであった。もちろん、良く釣れていたスズキは釣れず、そのような状態が四〇日以上もつづいた。佐賀県有明海の全部の漁協であれだけ大量の硫安が、筆者が遭遇する以前から漁場に撒かれていたのである。

二〇〇〇年六月、七月には、大量のエツ、ワラスボなどの死骸が潮汐流にのって佐賀県の漁場を漂った。そして、この度の植物プランクトンの大量発生とノリ不作である。

以上が有明海に出ること四〇年、舟を持った七五年からは年間平均一〇〇回以上有明海に出てきた筆者にとっての有明海問題である。

再生の条件

再生には国・県・ノリ生産者・漁師・遊漁者を問わず、有明海と関わる人すべてが海の自然の摂理に則り、自然生態系の循環の環を大切にすることが必要だ。有明海に下水を注ぐ五県の住民すべてが合成洗剤を使わず、農薬は必要最小限に。農水省は川や堀のコンクリート三面張りをやめる。そうすれば再生は直ぐだ。年明け以降酸処理がなかったのか、わずかに生き残ったアサリが久し振りに身が大きくておいしい。

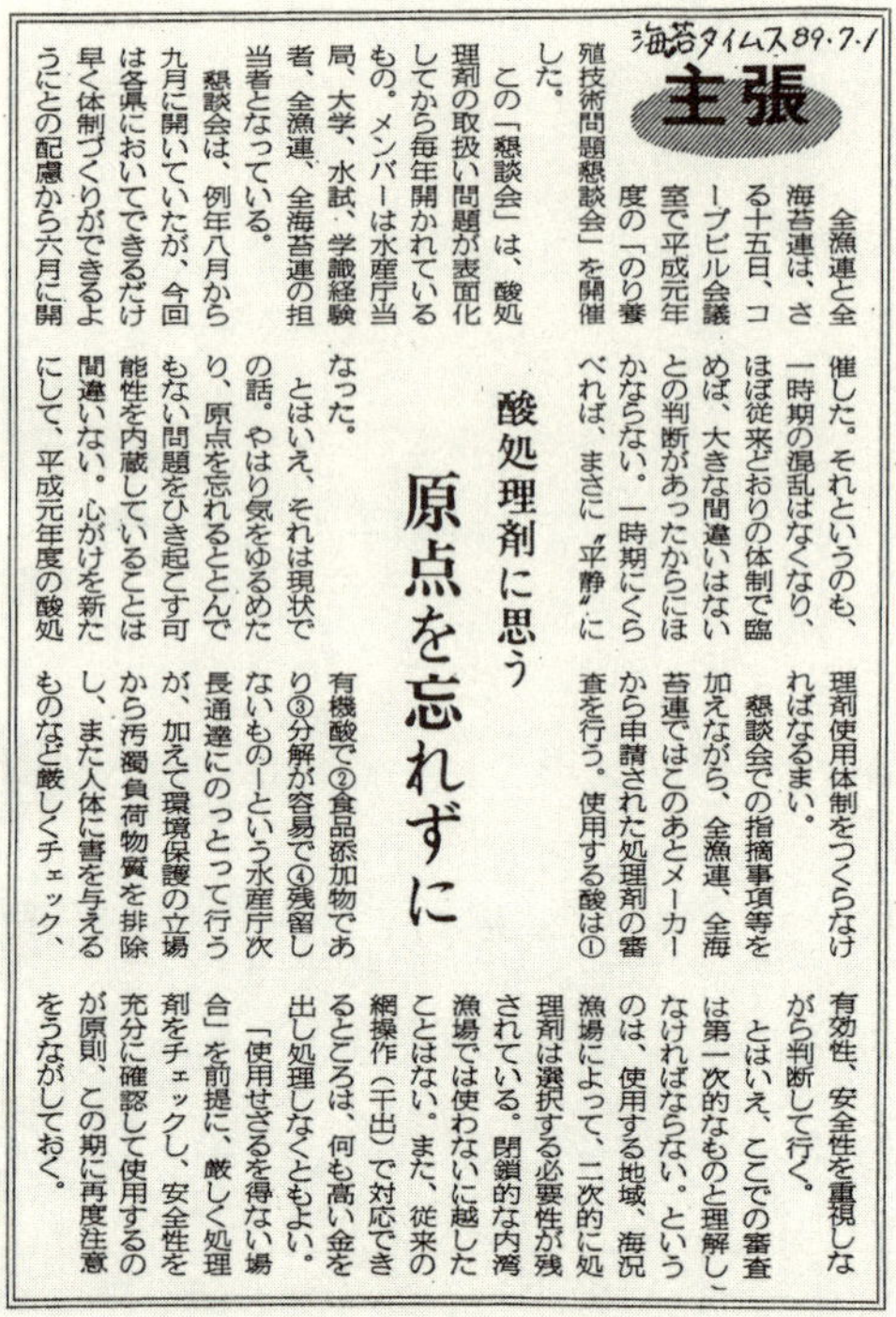
海苔タイムス89.7.1

主張

酸処理剤に思う

原点を忘れずに

全漁連と全海苔連は、さる十五日、コープビル会議室で平成元年度の「のり養殖技術問題懇談会」を開催した。

この「懇談会」は、酸処理剤の取扱い問題が表面化してから毎年開かれているもの。メンバーは水産庁当局、大学、水試、学識経験者、全漁連、全海苔連の担当者となっている。

懇談会は、例年八月から九月に開いていたが、今回は各県においてできるだけ早く体制づくりができるようにとの配慮から六月に開催した。それというのも、一時期の混乱はなくなり、ほぼ従来どおりの体制で臨めば、大きな間違いはないとの判断があったからにほかならない。一時期にくらべれば、まさに〝平静〟になった。

とはいえ、それは現状での話。やはり気をゆるめたり、原点を忘れるととんでもない問題をひき起こす可能性を内蔵していることは間違いない。心がけを新たにして、平成元年度の酸処理剤使用体制をつくらなければなるまい。

懇談会での指摘事項等を加えながら、全漁連、全海苔連ではこのあとメーカーから申請された処理剤の審査を行う。使用する酸は①有機酸で②食品添加物であり③分解が容易で④残留しないもの―という水産庁次長通達にのっとって行うが、加えて環境保護の立場から汚濁負荷物質を排除し、また人体に害を与えるものなど厳しくチェック、有効性、安全性を重視しながら判断して行く。

とはいえ、ここでの審査は第一次的なものと理解しなければならない。というのは、使用する地域、海況漁場によって、二次的に処理剤は選択する必要性が残されている。閉鎖的な内湾漁場では使わないに越したことはない。また、従来の網操作（干出）で対応できるところは、何も高い金を出し処理しなくともよい。

「使用せざるを得ない場合」を前提に、厳しく処理剤をチェックし、安全性を充分に確認して使用するのが原則、この期に再度注意をうながしておく。

『海苔タイムス』1989年7月1日

表　柳川市における漁家戸数・漁船数

（単位：戸、隻）

	漁家戸数			漁船数			
	総数	専業	兼業	総数	動力船	船外機付船	無動力船
昭和 45（1970）年	1674	429	1245	3348	1513	88	1747
昭和 50（1975）年	1255	183	1072	2448	1251	58	1139
昭和 55（1980）年	1221	286	935	2258	1142	79	1037
昭和 56（1981）年	1206	293	913	2196	1121	86	989
昭和 57（1982）年	1184	282	902	2194	1122	73	999
昭和 58（1983）年	1127	288	839	2146	1009	67	1070
昭和 59（1984）年	1982	281	801	2070	1031	108	931
昭和 60（1985）年	1037	278	759	2072	978	107	987
昭和 61（1986）年	983	249	734	1778	924	97	757
昭和 62（1987）年	938	235	703	1788	886	93	809
昭和 63（1988）年	871	169	702	1443	836	55	552
平成元（1989）年	847	166	681	1399	814	51	534
平成 2（1990）年	791	156	635	1333	766	49	518
平成 3（1991）年	774	152	622	1309	751	47	511
平成 4（1992）年	751	150	601	1252	729	45	478
平成 5（1993）年	687	133	554	1538	692	242	604
平成 6（1994）年	629	125	504	1452	638	233	581
平成 7（1995 年）	646	—	—	—	—	—	—
平成 8（1996）年	629	—	—	—	—	—	—

資料）農林水産統計年報（各年 1 月 1 日現在）

第I部

瀕死の有明海

有明海問題は現代日本の縮図

大勢集まっていただいて、ありがとうございます。二月にこの場（柳川市「エーコステーション」）で有明海問題のことについて話しましたけれども、少しわかりにくかったかなということもありますし、また二、三の方からとてもいい勉強になったと声がかかりました。それからまた同じようなことを、久留米の方でちょっとしゃべったりしていたわけです。そんな中できょうここにおいでの、藤原書店の藤原社長さんから『機』という月刊誌に書いてくれというお話があったわけです（本書「有明海問題の真相」）。

ノリ生産者とともに問題の解決を

わたし自身は昭和五十五〜六（一九八〇〜八一）年ごろからこの問題にとり組んでいまして、当時は亀井光さんが福岡県知事だったわけです。それでいろいろ住民運動をやっていらっしゃる方々が、いっぱいこの問題にとり組んでいたわけです。けれども知事が奥田さんに替わったら全部抜けてしまって、わたし一人になってしまいました。わたし一人でもやり続けて、自分の舟で京都大学のI先生——この方はチェルノブイリ原発の事故を紹介した人です——それから神戸大学のS先生、その方たちに協力をお願いして、有明海の底生生物の調査を続けたりしておりました。けれどそれもその先生たちに、奥田さんの支持母体あるいは支持者の方からだと思いますけれども、これは想像ですが、いろいろ注文が入ったたろうと思います。とうとう最後はわたし一人になってしまいました。

それでも頑張って、「こんなことをしていたら最後は生き物がいなくなって最終的にはノリもとれなくなりますよ」ということを知り合いの、仲のいいノリをやっている人たちにずっと訴えていたわけです。今年になってあのような事態になったものですから、マスコミ、学者が大勢その問題にとり組んでいろいろとやっています。けれどもそれは全部、「国の公共事業」という視点ですね。そちらの方にみなの問題関心が行ってしまって、問題の焦点がぼけてしまっているわけです。それに国も振り回されています し、一番の被害者なのはノリ生産者と漁師さん方たちです。あんな議論をやっていたのでは、もうすぐ目の前に次のノリの漁期が迫っていて、また同じ結果になってしまうのではないかと思います。それで、これはもう一回やろうということで、立ち上がったわけです。

わたしが立ち上がってやることで、何も、ノリ生産者を責めたりするという気持ちは全くありません。ところがこの間『週刊新潮』が、わたしの寄稿記事の中で酸性処理剤のことばかり強調していたものですから大きな誤解を生みまして、ノリ生産者の方から電話がかかってきました。そこで、「わたしは、有明海を生き返らせるために一生懸命にとり組んでいるんだ」と話をしたら、「わかった、わかった」と、二、三人の方からはおっしゃっていただいたのです。

何でこんなに力を入れてやらなければいけないかといいますと、このままでしたらわたしたちの生活の基盤である有明海とか堀がだめになってしまう。この地方がだんだん衰退していく。それを何とか食い止めたいということ、その一心でやっています。わたしは元市役所に勤めておりまして、定年になったら自分が生まれた柳川の蒲池の、魚が一番いるところに家を設けて、そこで魚釣りをして暮らしていこうと早くから決めておりました。ところがその堀がだめになったので、昭和五十（一九七五）年からは、最初は人の舟を借りてでしたが有明海に出かけておりました。しばらくしてから和船を購入しまして、最初の舟は小さいものでしたが、有明海に逃げ出していったわけです。いままた有明海からも、まさに追い出されているわけですね。とても残念です。これからの人生を、二一世紀を担っていく子どもたちの健全育成と、水や有明海やこの地方の環境をよくしていくことにもかけようということでやっているわけです。

きょうのお話しですが、お聞きになっておられる方のなかに、もしノリを栽培している方がいらっしゃっても、どうぞ責められているという風にお受け取りにならないで下さい。やはり自分たち、有明海と関わっている人たちがこれまで何をしてきたかをきちんと振り返って、その反省の上に立って新しい再生への道を模索していかなければ、絶対に再生の道は開けてきません。これからわたしが話すことはノリ生産者の方にカチンとくることがあるかもしれませんけれども、そういうことでぜひ理解していただきたいと思います。

問題の発端——地盤沈下

振り返ってみますと、一番最初の有明海の異変は昭和五十（一九七五）年ごろ、あるいはもうちょっと前だったでしょうか。福岡県高田町の沖に第三人工島が設けられました。そこで採炭が始まったわけです。地下をずっと掘っていきますと大変な圧力が地下深いところではかかっておりますので、そこに穴を開けていきますと、地層の中の水がどんどんそこに出てくるわけです。それをたえずくみ上げて坑道を空にしておかないと、炭鉱というのは存続していくことができません。一日でもその水をそのままにしていたら、それで炭鉱はだめになってしまうんです。地下五〇〇メートルも掘ったら、そこには五〇気圧がかかっているんです。ところが坑道の穴の中は一気圧ちょっとしか、かかっていないわけです。圧力差でどんどん水が絞り出されていく。そして大量に海に流されました。それで大騒ぎになったわけで

昭和 50（1975）年頃の沖端漁港

かつてはひしめく漁船で賑わいをみせていた沖端漁港だがいまはこのとおり（平成 13［2001］年 2 月 11 日）

久しぶりに有明海産魚で賑わう地場せり場（平成 13［2001］年 5 月 10 日）

す。これは、ご記憶の方もいらっしゃると思います。

それと並行して有明海の地盤沈下、これをいま「陥没」と書いているマスコミの方たちがいらっしゃいますけれども、陥没ではありません。地盤沈下です。坑道の中に水がどんどん染み出してきて、それをくみ上げることによって地盤がずっとやせて、全体的に下がるのですね。福岡県の大和干拓や、柳川市の両開（橋本開）沖では、昭和五十四（一九七九）年の三月から翌五十五年の九月まで約一年半の間に、ひどいところでは二メートルも沈下しています。先生たちの資料を拝見すると干潟がいっぱいあるようにみんな書いてありますが、あれはうそです。何であんな古い資料を使われるのか不思議でたまりません。きょうお聞きの方々の中には有明海に行っていらっしゃる方もおられると思いますけれども、福岡県の干潟はほとんどなくなっております。

有明海の中でももっとも優秀な干潟であったひゃっかんという洲がありますけれども、そこはわたしが舟を持ってからいつも一二月から二月にかけて、「アカシ」（夜中に潮が引いたときにカンテラを下げていろいろなものを獲ること）といってカンテラをつけて、夜中（午前二時～四時頃）に潮が引いた洲に降りてタイラギや飯だこなどを獲るわけですが、そこではものすごく獲れていたわけです。そこがどんなに大潮のときでも、もう洲が干出することはなくなりました。ひゃっかん灯台は、大潮の満潮のときは沈みそうにしています。そこだけではなくて、沖の砂泥底、砂と泥と混ざった立派な干潟、生産性の最も高い干潟は、全部といっていいほどなくなっています。

干潟の重要性

日本野鳥の会が調査してつくった資料がありますけれども、これとはまた別の人たちがつくった資料もあります（表参照）。福岡県のいま現存する干潟の面積が一九五六ヘクタールです。これは岸の方の、潟のところなんです。優秀な、はだしで入っても全然ぬからないような、貝などがいっぱいとれるところが一一八一ヘクタール消滅しています。

なぜ干潟が大事かといいますと、干潟は一日に二回露出したりしますね。そのときにたくさんの酸素が供給されます。干潟の中ではだれが浄化の働きをしているか、分解力を持っているかといいますと、干

表　有明海・八代海の干潟の現存面積と消失面積

海域	県名	干潟名称（仮称）	現存面積（ha）	消失面積(ha)	消失率（%）
有明海	長崎県	島原干潟群	509	30	5.6
		瑞穂干潟群	146	5	3.3
		諫早湾干潟	131	2769	95.5
		小長井干潟群	118		
	佐賀県	太良干潟群	243		
		鹿島海岸干潟	2270	27	1.2
		有明干拓地先干潟	2064		
		六角川河口干潟	1570		
		筑後川河口右岸域干潟	3438		
	福岡県	筑後川河口左岸域干潟	1956	1181	37.6
	熊本県	荒尾海岸干潟	1774		
		菊地川河口域干潟	1211	5	0.4
		白川・緑川河口域干潟	3051	40	1.3
		天草干潟群	530	55	9.4
	小計		19,011	4112	17.8
八代海	熊本県	天草八代干潟群	209	10	4.6
		三角町干潟群	363	5	1.4
		不知火干潟	407		
		鏡・八代地先干潟	1605	10	0.6
		球磨川河口域干潟	1560	99	6.0
		田浦・水俣干潟群	59	75	56.0
	鹿児島県	出水干潟群	262		
	小計		4465	199	4.3
合計			23,476	4311	15.5

引用出典）　花輪伸一「有明海の野鳥と干潟の保全」、日本野鳥の会筑後支部発会式記念講演資料
環境庁 1997 をもとに一部改変

原典注：表を作成するのに用いた資料は、「環境庁（1997）日本の干潟、藻場、サンゴ礁の現況 第一巻、干潟、(財) 海中公園センター発行」であり、1989 年から 1991 年にかけて、日本沿岸の干潟のある海域を対象に調査が行われている（第 4 回自然環境保全基礎調査）。現存面積はその時点の面積であり、消滅面積は 1978 年（第 2 回同調査）以降、調査時点までに消滅した面積である。諫早干潟の消滅は 1997 年で調査年代が異なるため、本来はこの表に含めるべきではないが、有明海沿岸における諫早干潟の位置づけを明確にするため、あえて含めた。なお、環境庁 1997 では、諫早市赤崎新地 902ha となっているが、明らかに過小評価であるため、ここでは 2159ha とした。諫早湾の干潟面積を九州農政局資料に基づき 2900ha として計算したものである。

潟そのものではないわけです。ここのところがとても大事です。

ここにちょっとその図面を持ってきましたけれども、こうですね。ここ、岸の浅いところにヤドカリとかいろいろ書いていますけれども、ゴカイとかいろいろたくさんいます、アサリとかですね。彼らが実は有機物を食べて、ある程度のところまで分解するわけです。亜硝酸態まで分解します。それから先、分解するのは、この干潟の中にいっぱいいますバクテリアです。菌とか細菌といわれるものです。菌、細菌というとみんな嫌がりますけれども、実はわたしたちがいま地球上でこんなふうに暮らしていくことができるのは菌、細菌（バクテリア）のおかげなんです。地球の生態系の循環を司っているのは、すべてそのバクテリアです。

小さいころはよくばあちゃんたちから、ミミズのいるところに小便をかけたらおちんちんがはれるぞと怒られていたでしょう。ミミズなんかの小さな生き物たちは、生態系の循環の中でとても大事な役割を果たしている。生態系の循環の出発点ということで、感謝の気持ちを捧げておりました。これは、とても大事なことです。だれからも教わらなくても、いまから五十年ぐらい前はみんな知っていたわけですね。いまそんなことを知っている人は、だれもいません。大学の先生もご専門以外の方は全くお知りになっていないようです。

こういう生き物も干潟がなくなったら、これが露出しなくなったら、酸素が届かないからどんどん減っていきます。水中にはきれいな水で、水温一五度Cで約一〇ｐｐｍの酸素が溶け込んでいるわけです。一〇ｐｐｍといったら、一リットルの水の中にわずか〇・〇一グラムです。その程度しか入っていないわ

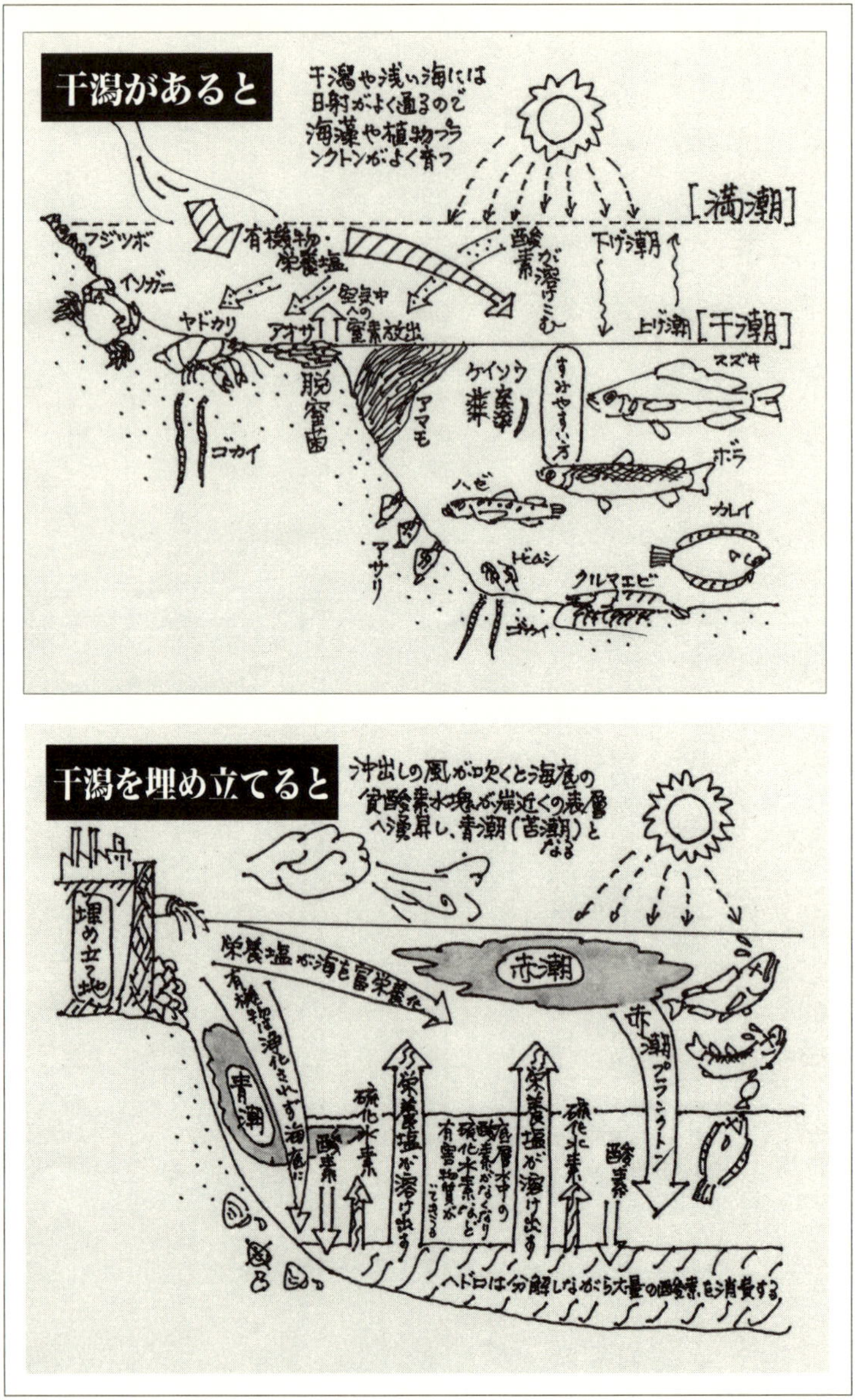

柳川市立水の資料館水講座資料より（出所不明）再作図

けです。ところがこれは、陸上でしたら酸素が無限にありますので微生物がどんどん有機物を食べて増殖して無機態に変えてくれるわけです。生活排水の汚れなど、有機物は有機栄養塩です。その有機栄養塩を無機栄養塩に変えてくれるのが微生物（微小動物・菌・細菌）です。

窒素の循環と菌

少しわかりやすいように、違う方から説明してみます。以前は化学肥料をほとんど使わずに、ぜんぶ堆肥とか、あるいは人の糞や尿を使っていましたね。そのとき直接畑にかけましたら、その作物は枯れてしまいます。ですからいちおう肥たご（便槽から糞尿をくんで担いで運ぶ木製の桶）でくんでいって、田んぼの岸のところに大きな肥溜というものをつくっておきまして、そこにくみ置きますと、これが亜硝酸態までいきます。それはだれのおかげでいくかというと、好気性、嫌気性の小動物やバクテリアです。その後は、細菌が無機態にしてくれます。これは窒素の循環図ですが（図参照）、タンパク質やら何かをずっと分解していってアンモニアになって、亜硝酸になって、硝酸に変わるわけです。ここで初めて無機態に、無機栄養塩に変わるわけです。そうなって初めて植物がその栄養塩をとり入れることができるようになります。

陸上では無限に酸素があります。微生物・細菌類はその酸素を呼吸して、有機物をどんどん分解して増殖し、どんどん世代交代を繰り返していきます。そうして増えた細菌は、小さな動物たちに食べられ

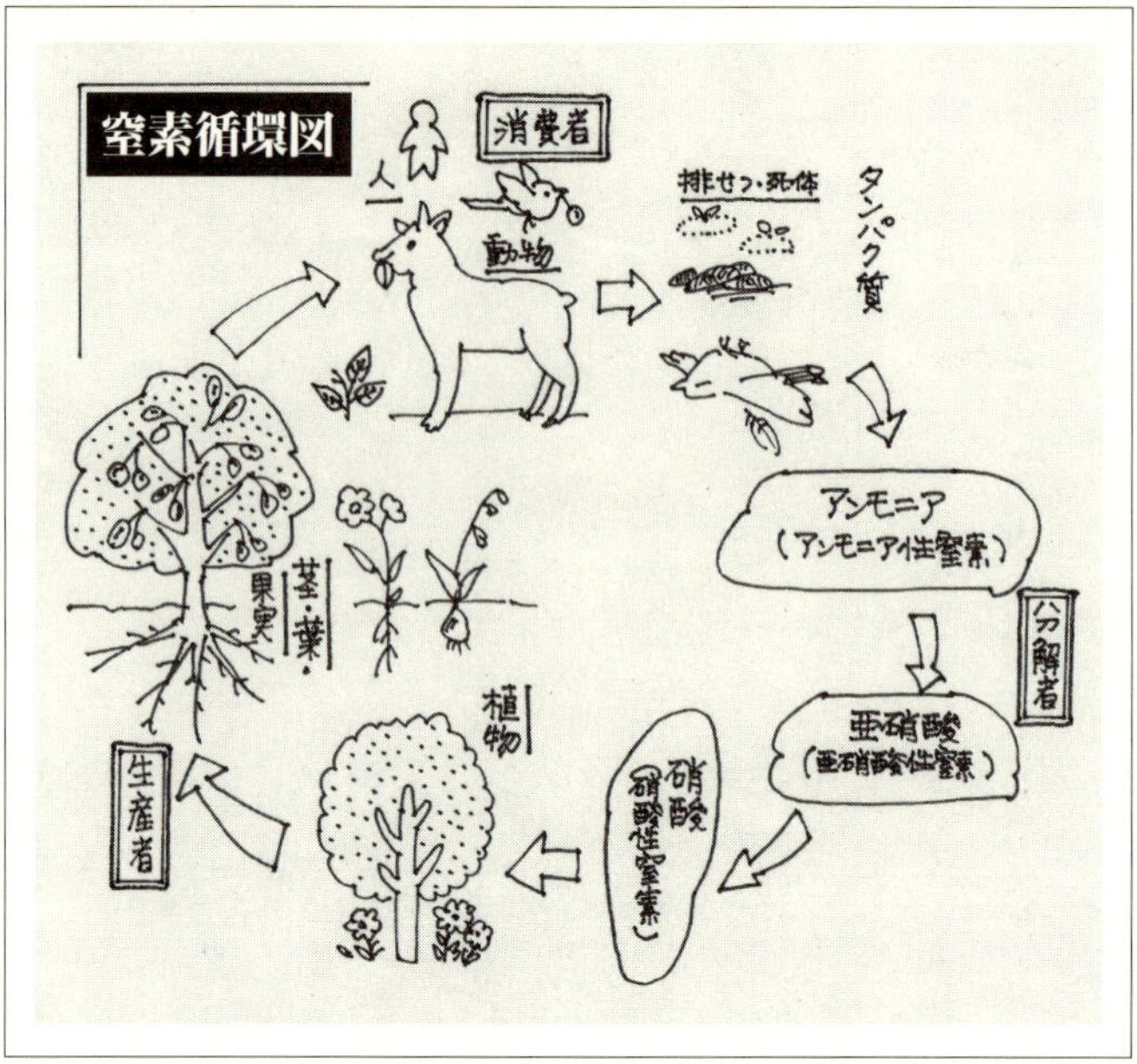

ます。そして分解が進んで無機態になった栄養塩、これがまた新しい生命を育んでいくわけです。

この循環の中で一番大事な役割を果たしているのは菌、細菌なんです。そういうことを、まず知っていただかないといけません。これは中学校ぐらいで習うでしょうか。でも、現実にはだれもこういった事情を知らないそうです。ここがちょっと問題なわけですね。

ですからわたしは、全国、北海道から沖縄まで講演に回っていますけれども、必ず瀬戸内海のことを話しています。行政は最初、瀬戸内海の漁業が壊滅したのは工場廃水のせいだといっていました。ところが昭和四十五〜六（一九七〇〜七二）年ごろに規制が厳しくなされて、水質汚濁防止法に抵触するものですから工場は全部廃水を処理するようになりますと、今度は原因は家庭雑排水だといっています。とんでもないうそをいっています。

このように干出したり水没したりする浅い部分、干潟などをなくしてしまうと分解力・浄化機能がなくなってしまい、生物育成機能がなくなってしまいます。瀬戸内海では浅い部分を埋めてしまったわけです。そしてここに直立のコンクリート護岸をしております。ですから自然海岸というのが、瀬戸内海の場合はほとんどないわけです。直接深くなっています。こんな深いところには浄化力はあまりありません。特に流れがあまりないようなところは、酸素も供給されませんし日光も届きにくいものですから、ほとんど浄化されません。ダム湖みたいに深いところになると全く浄化しません。逆にいったん分解したやつが、無酸素ですので還元されてくるものもあります。ご専門の方もいらっしゃいますけれども。そんなことで、この浅いところが大事なんです。

「有明海の子宮」、諫早湾

福岡県ではその大事なところがなくなってしまいました。だからもう昭和五十五（一九八〇）年ぐらいを境にひゃっかんというところにはアカシに行けない。アカシは専門用語では何と言うのでしょう。漁火を焚いてとるのを、わたしたちはアカシといっていましたけれども。

最近では四年二か月前ぐらいに、わたしたちが「有明海の子宮」と呼んでおりました大事な諫早湾があんなふうになってしまいました。完全に干潟が消滅してしまいました。一〇〇パーセント消滅しています。それを単に「諫早湾が一〇〇パーセント消滅した、それだけが減った」とお思いになるのは大間違いです。あそこで魚が産卵したやつが川を夏の間さかのぼって、また秋になったら干潟の上に下りてきて、そこで成長して橘湾なんかにも出ていきます。その大切なところが完全にだめになったわけです。

わたしがいろいろな話をしますと、「あなたは諫早湾のことを全然いわないじゃないか、あなたはあれには賛成なんだろう」と。とんでもない。「干潟とか浅いところを埋めたり、川や堀のコンクリート三面張りをやったらいけない」といって、それを活字にしたのは全国でわたしが一番早いです。ここに長野さんが見えていますけれども。そうして二〇年かかってやっと河川法が改正されました。きょう配っております資料にも書いてありますけれども、「河川法改正のきっかけをつくった」というところを開けていただいて。これは、わたしたちが筑後川流域連携クラブというのをつくっておりまして、『流域新聞』とか小さい冊子を出しております。この新聞は隔月刊で出しています。そのほかに「筑後川まるごと博物館」というのを思い立ってホームページを立ち上げております。そんなことで、わたしが一番最初だったわけです。

何がいけないのかといいますと、川の岸の浅いところを全部深く掘ってコンクリートで固めていくわけですね。そうしたら、そこに汚れが入ってきますと、これはまた後で詳しくお話しますけれども、そこはもともといろいろなたくさんの小さい生き物たちが、種類も多様に、いっぱい住んでいるわけです。彼らにとって、川の中に流れ込んでくる汚れの成分は、大事な食料なんです。彼らが活発に活動して汚れを分解しているのです。そこが深くなってしまってコンクリートで固められると、彼らの住み処がな

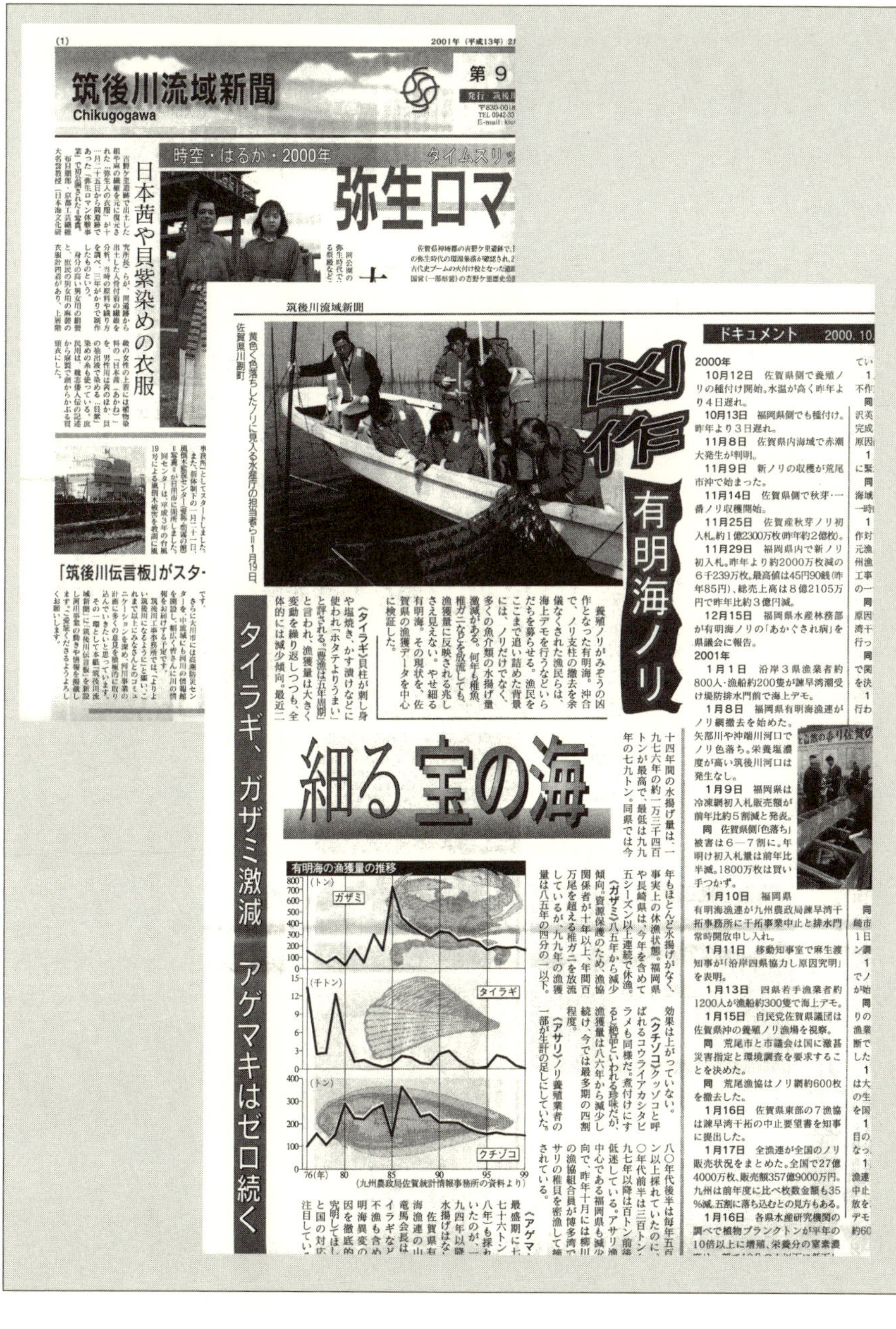

（1）　2001年（平成13年）2月

筑後川流域新聞
Chikugogawa

第9

時空・はるか・2000年　タイムスリップ

弥生ロマン

日本茜や貝紫染めの衣服

吉野ケ里遺跡で出土した絹や麻の繊維を元に復元された「弥生人の衣服」が十一月二十五日から同遺跡であった「弥生ロマン体験事業」で初公開された＝写真。

布目順郎・京都工芸繊維大名誉教授（日本海文化研究所長）らが、同遺跡から出土した人骨付着の繊維を分析。当時の原料や織り方を調べ、三年がかりで制作したものという。

身分の高い男女用の絹製と、庶民の男女用の麻製の衣服計四着があり、上層階級の女性の上着には植物染料の「日本茜（あかね）」を、男性用は茜のほか、貝の抽出液で染める「貝紫」染めの糸も使っている。庶民用は、魏志倭人伝の記述から麻製で頭からかぶる貫頭衣にした。

「筑後川伝言板」がスタート

筑後川流域新聞

ドキュメント　2000. 10.

凶作

有明海ノリ

黄色く色落ちしたノリに見入る水産庁の担当者ら＝1月19日、佐賀県川副町

養殖ノリがみぞうの凶作となった有明海。沖合で、ノリ支柱の撤去を余儀なくされた漁民らは、海上デモを行うなどいらだちを募らせる。漁民をここまで追い詰めた背景には、ノリだけでなく、多くの魚介類の水揚げ量激減がある。何年も稚魚、稚ガニなどを放流しても、漁獲量に反映される兆しさえ見えない。やせ細る有明海。その現状を、佐賀県の漁獲データを中心に検証した。

細る宝の海

タイラギ、ガザミ激減　アゲマキはゼロ続く

〈タイラギ〉貝柱が刺し身や塩焼き、かす漬けなどに使われ「ホタテよりうまい」と評される。「豊漁は五年周期」と言われ、漁獲量は大きく変動を繰り返しつつも、全体的には減少傾向。最近二十四年間の水揚げ量は、一九七六年の約一万三千四百トンが最高で、最低は九九年の七九トン。同県では今年もほとんど水揚げがなく、事実上の休漁状態。福岡県や長崎県は、今年を含めて五シーズン以上連続で休漁。

〈ガザミ〉八五年から減少傾向。資源保護のため、漁協関係者が十年以上、年間百万尾を超える稚ガニを放流しているが、九九年の漁獲量は八五年の四分の一以下。効果は上がっていない。

〈クチゾコ〉クッゾコと呼ばれるコウライアカシタビラメも同様だ。煮付けにすると絶品といわれる珍味だが、漁獲量は八六年から減少し続け、今では最多期の四割程度。

〈アサリ〉ノリ養殖業者の一部が生計の足しにしていた。八〇年代後半は毎年五百トン以上採れていたのに、〇年代前半は三百トン…九七年以降は百トン前後に低迷している。アサリ漁中心である福岡県も減少傾向で、昨年十月には柳川の漁協組合員が博多湾でアサリの稚貝を密漁して摘発されている。

〈アゲマキ〉最盛期に七…七十六トン…八年）も採れ…いたのが、一…九四年以降…水揚げはな…

佐賀県有…海漁連の山…竜馬会長は…イラギなど…不漁も含め…明海異変の…因を徹底的…究明してほし…と国の対応…注目してい…

有明海の漁獲量の推移

ガザミ	（トン）0–800
タイラギ	（千トン）0–15
クチゾコ	（トン）0–400

76（年）　80　85　90　95　99

（九州農政局佐賀統計情報事務所の資料より）

2000年

10月12日　佐賀県側で養殖ノリの種付け開始。水温が高く昨年より4日遅れ。

10月13日　福岡県側でも種付け。昨年より3日遅れ。

11月8日　佐賀県内海域で赤潮大発生が判明。

11月9日　新ノリの収穫が荒尾市沖で始まった。

11月14日　佐賀県側で秋芽・一番ノリ収穫開始。

11月25日　佐賀産秋芽ノリ初入札。約1億2300万枚（昨年約2億枚）。

11月29日　福岡県内で新ノリ初入札。昨年より約2000万枚減の6千239万枚。最高値は45円90銭（昨年85円）、総売上高は8億2105万円で昨年比約3億円減。

12月15日　福岡県水産林務部が有明海ノリの「あかぐされ病」を県議会に報告。

2001年

1月1日　沿岸3県漁業者約800人・漁船約200隻が諫早湾潮受け堤防排水門前で海上デモ。

1月8日　福岡県有明海漁連がノリ網撤去を始めた。矢部川や沖端川河口でノリ色落ち。栄養塩濃度が高い筑後川河口は発生なし。

1月9日　福岡県は冷凍網初入札販売額が前年比約5割減と発表。

同　佐賀県側「色落ち」被害は6—7割に。年明け初入札量は前年比半減。1800万枚は買い手つかず。

1月10日　福岡県有明海漁連が九州農政局諫早湾干拓事務所に干拓事業中止と排水門常時開放申し入れ。

1月11日　移動知事室で麻生渡知事が「沿岸四県協力し原因究明」を表明。

1月13日　四県若手漁業者約1200人が漁船約300隻で海上デモ。

1月15日　自民党佐賀県議団は佐賀県沖の養殖ノリ漁場を視察。

同　荒尾市と市議会は国に激甚災害指定と環境調査を要求することを決めた。

同　荒尾漁協はノリ網約600枚を撤去した。

1月16日　佐賀県東部の7漁協は諫早湾干拓の中止要望書を知事に提出した。

1月17日　全漁連が全国のノリ販売状況をまとめた。全国で27億4000万枚、販売額357億9000万円。九州は前年度に比べ枚数金額も35%減。五割に落ち込むとの見方もある。

1月16日　各県水産研究機関の調べで植物プランクトンが平年の10倍以上に増殖、栄養分の窒素濃…

31　有明海問題は現代日本の縮図

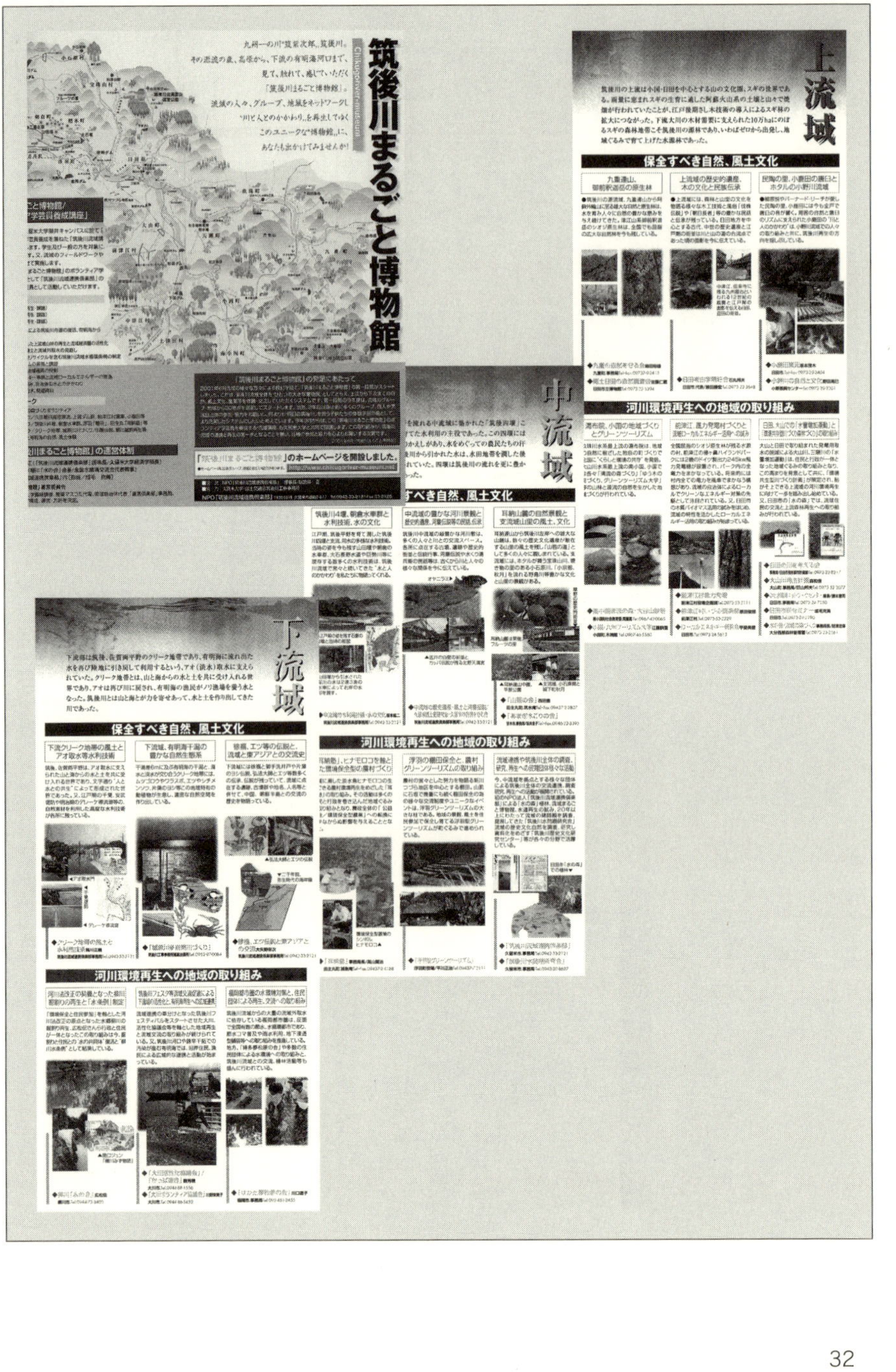
筑後川まるごと博物館
九州一の川"筑紫次郎"筑後川。
その源流の森、高原から、下流の有明海河口まで、
見て、触れて、感じていただく
「筑後川まるごと博物館」。
流域の人々、グループ、地域をネットワークし
"川と人とのかかわり"を再生してゆく
このユニークな"博物館"に、
あなたも出かけてみませんか！
「筑後川まるごと博物館」のホームページを開設しました。
上流域
筑後川の上流は小国・日田を中心とする山の文化圏、スギの世界である。雨量に恵まれスギの生育に適した阿蘇火山系の土壌と山々で焼畑が行われていたことが、江戸後期さし木技術の導入によるスギ林の拡大につながった。下流大川の木材需要に支えられた10万haにのぼるスギの森林地帯こそ筑後川の源林であり、いわばゼロから出発し、地域ぐるみで育て上げた水源林であった。
保全すべき自然、風土文化
九重連山、御前岳の原生林
上流域の歴史的遺産、木の文化と民族伝承
民陶の里、小鹿田の唐臼とホタルの小野川流域
河川環境再生への地域の取り組み
中流域
保全すべき自然、風土文化
河川環境再生への地域の取り組み
下流域
下流部は筑後、佐賀両平野のクリーク地帯であり、有明海に流れ出た水を再び陸地に引き戻して利用するという、アオ（淡水）取水に支えられていた。クリーク地帯とは、山と海からの水と土を共に受け入れる世界であり、アオは再び川に戻され、有明海の漁民がノリ漁場を養う水となった。筑後川とは山と海とが力を寄せあって、水と土を作り出してきた川であった。
保全すべき自然、風土文化
下流クリーク地帯の風土とアオ取水等水利技術
下流域、有明海干潟の豊かな自然生態系
徐福、エツ等の伝説と、流域と東アジアとの交流史
河川環境再生への地域の取り組み

西日本(夕) 01.5.31
公共事業

農水 環境重視へ転換
改革案 干拓へは配慮乏しく

農水省は三十一日、農業関係の公共事業の見直し案を固めた。骨格は災害復旧や防災対策を除き①二〇〇二年度以降の新規採択事業は、食料の安定供給や自然と共生する環境創造事業に転換する②既存事業も五年ごとの再評価の際、環境創造事業に転換を目指す―としている。

小泉純一郎首相が公共事業費の削減方針を打ち出したことを受け、三十一日午後の経済財政諮問会議に武部勤農相の私案として提出する考えだ。自然環境への配慮を打ち出す半面、諫早湾干拓などに象徴される大規模事業に対する見直しの具体策には乏しい。

環境創造事業の内容は、いわば田んぼがある〝ふるさと〟的な風景を守るため事業を進める地区では「環境創造区域」と「環境配慮区域」に区分するほか、地域と都市の住民が求める「美しいふるさと」（農村・集落ニューコミュニティー）の整備に努めるとした。

具体的には、ため池や水路にメダカなどの生物が生息できるような工法を採用するほか、家畜のふん尿などのリサイクル、景観や親水に配慮したデザインも採用する。林野公共事業や水産基盤整備事業でも、林業などの基本法の改正に合わせ環境重視を打ち出す。

総論的には食料の安定供給や水資源のかん養など多面的な機能の発揮を図るとともに、農山漁村と都市の共生・交流が生まれるように検討するとしている。

『西日本新聞』2001年5月31日（夕刊）

くなり、浄化力がなくなります。なくなったぶん完全に正比例して、生物育成機能がなくなります。

そんなことを何回も活字にしたり、それから建設省にお願いをしたりしました。これはわたしだけの力ではありません。建設省の職員の方とか横浜の「かわを考える会」の方たちとか、すばらしい人たちも一緒になって応援してくれた結果やっと――あれは五年ぐらいになりますか――河川法が改正されました。こうやってその普及版「ときめき川づくり」という立派な冊子にもなりました。許可を得て増刷もいたしました。数日前の新聞によりますと、農水省も「環境のこともこれからとり組んでいこう」という方針転換をしつつあります。

戦後しばらくは食糧増産が国策だったんですね。あの諫早湾の干拓計画（このときには諫早湾全体）はその時代に計画されたものです。いま、強制的に三分の一ぐらい減反させていますね。そんな状況の中で、大金を使って、あんなことをやるという。こんなことはほんとうに問題にならないわけです。堤防は全部壊してしまって、干拓をやめて、また干潟に返さないといけないです。

そんなことはもうどの先生もいっておられるから、わたしがあえていう必要はありません。その点もぜひ理解していただきたいと思います。ただ諫早湾が埋まったから、その分だけ有明海の生産力とか浄化力が落ちたのだろうということではなくて、それをはるかに上回る浄化力、生産力が落ちてしまったのです。そして無駄づかいです。

川と海との切り離せない関係性

それから、昭和六十(一九八五)年ごろでしたか、筑後大堰が完成しました。これでもって川がおとなしくなったために、川の自然、あるいは有明海の自然が大きく後退したと思います。でもこれは、いまわたしたちは筑後大堰の背後水を毎日飲んで、それで顔を洗っているんです。筑後平野がこの水で潤っているんです。それから筑後川は海水がずっと上流までさかのぼるために、淡水取水《アオトリ》というのでとらないと川の水を利用できなかったんです。いまから四百年前に田中吉政が同じ計画をつくっております(本書第Ⅱ部「柳川堀割の歴史から」に詳述)。大運河計画です。筑後大堰のところに堰を設けて、それから筑後平野全体に水を引こうという計画です。それがやっと実現したわけです。

そこで議論は二分すると思いますけれども、非常にリスクの小さいところに造られているということははっきりいえます。長良川河口堰とは違って、大潮時、海水が溯る最上流点に造っているものですから、堰から下流でも川が潮汐の干満で呼吸しているのです。わたしたち日本人の文化というのは、考えてみますと川の水を堰きあげして、それから水路を造って水を引いて田畑を開いていったわけですね。そして、その水路の辺りに町が生まれ、文化が築かれていきました。それが日本の文化、日本人の文化の始まりですから、やはり生活文化の視点もとても大事です。筑後大堰がよかったとか悪かったということは時間の都合もありますのでやめておきます。

漁民の方たちがいろいろ交渉された結果、もめていたけれども金で解決したといいます。金で解決するという姿勢は、わたしは絶対にだめだと思います。いくら漁民の方から怒られてもわたしはそう申し上げます。なぜかというとそこに有明海という大地、この大地があったら、永遠にそこから生産が上がっていくわけです。わたしたちに永遠に生活を恵んでくれるからです。わたしは農業団体なんかの講演に行くと、締めくくりにこう申し上げます。真の文明とは大地の生産力だと。それを金に換えるという発想ですね。それは絶対にいけません。

マラカイトグリーンと酸処理

そういうことで地盤沈下と、諫早湾という「有明海の子宮」が埋め立てられて、生産力や浄化力が大きく低下しました。

もう一つは昭和五十六（一九八一）年ごろ、こんなうわさが最初立ちました。「佐賀の方ではとても品質のよい黒々としたノリがとれている」といううわさです。マラカイトグリーン（金魚・鯉などに着く害

有明海特産種		有明海準特産種	
エツ		ヒラ	
アリアケヒメシラウオ	✕	コイチ	△△
アリアケシラウオ	✕	メナダ	
ハゼクチ	△△	ススキ	△
ムツゴロウ	△△	コウライアカシタヒラメ	△
ワラスボ		シオマネキ	△
ヤマノカミ	△	クマサルボウ	△
オオシャミセンガイ	✕	ハイガイ	
ハラグクレチゴカニ		スミノエガキ	
アリアケゴカイ		アゲマキ	✕✕
など23種		チゴマテ	
		ウミタケ	
		ミドリシャミセンガイ	△△
		ヒゼンクラゲ　近海種	
		ワケノシンノス	
		など49種	

✕✕　既に絶滅したもの
✕　絶滅が心配されるもの
△△　激減したもの
△　大幅に減少したもの
「無印」　半減以下

＊著者観察 1975 ～ 2001 年

虫・雑菌などを駆除する殺菌剤）処理です。わたしもしょっちゅう有明海に出ていますから分かりました。ノリの箱舟が、みんなどの舟もグリーンとかブルーに塗ってあるわけです。マラカイトグリーンを使っているのをカモフラージュするためにしてあるわけです。これはもう御承知のように大騒ぎになって、すぐ関係機関が中止命令を出して止まったわけです。恐らくあれは一年で終わったでしょう。

ところがそのころから、今度は「酸処理」をする人が出てきたわけです。それでわたしたちは（漁民の方も含めて）またそれを止めようと、有明水産試験場などにずいぶんかけ合いました。そして最後は――これは知事が奥田さんに替わってからですけれども――八九年にわたしが副会長をつとめる筑後川水問題研究会では「有明海ノリ漁業における酸性処理剤使用中止を求める決議」というのをやって最後の抗議を行いました。それでも全然聞いてもらえませんでした。亀井さんのときはすぐに中止命令が出て、県庁の担当の職員の方たちも低姿勢でわたしたちを扱っていましたけれども、奥田さんになってからはもう全然違いました。これは事実です。最後はわたし一人になりました。

昭和五十九（一九八四）年だったと思いますが、福岡県では一二月と一月に、それぞれ二回ずつの酸性処理剤使用が正式に認められました。それをやるとノリの病気がはいらないから、どんどんとれるわけですね。ちょうど水田に農薬を使い出したときと同じです。使い始めのときは虫も入らずに、収穫が上がったでしょう。それと同じだから、どんどんエスカレートしていったわけです。それから二、三年後には一部で摘採のたびごとにやっていたようですね。ノリ生産をやっている人たちからは、「晩はノリの仕事をして、昼間は酸処理に出かけて、もうくたびれてたまらない」と、そんな言葉も聞いておりました。

それでも佐賀県は強く反対していらした。佐賀県ではなかなか酸処理に踏みきらなかったわけですけれども、七〜八年ぐらい後か、もっと遅くて平成五（一九九三）年か六年ですか、佐賀県も酸処理に踏み切りました。酸処理を福岡県が始めてからは、少しずつアゲマキなんかの貝が小さくなって、アサリも小さくなり激減していきました。これは昭和六十（一九八五）年ごろからずっと減少し続けています。佐賀県の面積は広いですし、コマ数も多い。ですから佐賀県が始めたらアゲマキも絶滅したわけです。

有明海にさされたとどめ

その後、いまから七～八年前のことですが、これにはびっくりしました。毎日ひゃっかんとかあちらこちらに釣りに出ておりました。ノリ栽培期はノリ網が張ってありますから、少々風が吹いてもノリを栽培している間は全然波立つことがありません。ですから水温も下がらないので、そこは魚の越冬にいい場所なんです。ノリ養殖が始まる前は、冬になったら魚はみんな深いところに移動していて、舟を出しても釣れなかったんです。ところがノリ養殖が始まってからはノリ養殖場に、真冬の寒いときでもいます。そのノリ網の支柱にフジツボがつかないように直系一四センチぐらいの角が鋭利になったプラスチック製のリングをノリの支柱に入れていますが、これが潮の干満に合わせて上下をし、また波なんかが少し立ちますと、そのときにこのリングが上下して支柱をこすってフジツボがつかないわけです。

秋口の九月末頃から、グチ、アナゴ、トラフグなどが大量に釣れておりましたので時間をつくってしょっちゅう釣りに出ていました。ところがリングをはめていないのにフジツボが全くついていないから、これはおかしいと思って調べましたところ、支柱の立て込み前に陸上でフジツボの防除塗料が塗られていたのです。それからわたしの家に毎日電話がたくさん。オートバイですぐ昭代干拓などに見に行ったりしていました。それはもうおびただしいほどの魚が死にました。

それは、魚や貝を獲っておられる漁師さんたちが漁連に抗議されてすぐにとまったと聞きましたが、その毒効が翌年まであったのか翌年もリングのない支柱が見られました。現在は全然やっていませんよ。実はそれで有明海がとどめをさされたとわたしは思います。その商品名が何と「ふじつぼくんよさようなら」「かぐや姫」(船底塗料)。これで多分ベイ貝が見られなくなりアカニシが激減したと思います。金儲けのためならどんなことでもやる企業のエゴで、被害者はノリ生産者や漁師さんたちですね。わたしは舟を持ってからは、年間平均して百回以上は有明海に出ていますから、そして、水問題に取り組んでいますから分かります。平日でも帰宅したらまた、晩御飯を食べて海に出ていっていました。土曜、日曜は必ず出て行くわけです。相当しけていても、ノリをやっている間は波立たないからしょっちゅう行くわけです。そんなふうにしてずっと観察してきた結果が、以上のとおりです。

そして有明海に行きだしていちばん驚きましたのが、筑後川の支流早津江川沿いを通っておりましたとき、早津江川の一番下流の漁港に大型トラックが何台も来ていましたが、それが大量の硫安(農作物の生育を促進させるための化学肥料。硫酸アンモニウム)を積んでいるわけです。そしてクレーン車が来ていて、そのクレーン車で直接硫安を漁船に積み込んでいる現場に遭遇しました。

翌日有明海に行ったところ、植物プランクトンが爆発的に発生していました。それは翌日に発生したわけではなくて、その何日か前からだったそうです。後で調べてみましたところ、およそ一八くらいの漁業組合が佐賀県にはあるそうですが、佐賀県の全組合でそんなふうにやったそうです。それが二月七日前後のことです。有明海には八日も行って、一〇日も行きました。二月一五日になったら、水面から四〇センチぐらいのところについている船外機の真っ白いスクリューが全く見えません。ですからそれ以来、四〇日ほどスズキは全く釣れませんでした。恐らく硫安をノリが吸収する前に植物プランクトンが食べたのでしょう。植物プランクトンが爆発的に発生しました。

スズキという魚は、生きた魚を追いかけて食べるわけです。ですから海水の透明度が下がるとスズキにエビや小魚などの餌が見えません。だから釣れないわけです。そして去年の六～七月のことですが、あのきらきら光っているものは何だろうと思ったら、エツです。エツはよく光りますね、その死がいです。よく見たら、ワラスボもどんどん流れる。ボラの死がいもです。これらの魚は川の下流や河口部など沿岸にいる魚です。それが潮汐流に乗ってずっと佐賀県の漁場を漂っていました。これは一体どうしたことだろうかと思いましたが、その前の硫安や酸処理のせいではないような気がします。というのは筑後川、矢部川に大雨が降って出水して真水が出ますと、いまから一四～五年前まででしたらたくさんの魚が沖の方から沿岸部に上ってきていました。そんな時にはスズキやウナギなんかはいっぱい釣れていましたが、今は逆になりました。筑後川から水が出たら、沿岸部には魚が全然いないです。

農薬などの化学物質と有明海汚染

それでわたしは、恐らく農薬が原因ではないかと考えました。山にヘリコプターで農薬をまいていますでしょう。それからゴルフ場では芝に除草剤を使っています。ゴルフに行かれる方には申しわけないですけれども、健康維持のためいろんなことをなさっておられますが、死亡率が一番高いのはゴルフですね。なぜかというとゴルフ場では除草剤が気化して、それをしょっちゅう吸うわけです。だからゴルフに行った人が、みなさんの身近な方でも何人も死なれているでしょう。普通の散歩と比べたら、一〇倍位死亡率が高いそうです。二番目がジョギングですね。日ごろ怠けておいてジョギングとかやったら、体にいいことはありません。それよりも日ごろちゃんと体を動かすことが大事だと、わたしは思います。

　それから農薬の多投やジャンボタニシを撲滅するために硫酸銅を使っています。また漂白剤のいっぱい入った合成洗剤で洗濯していますね。これは怖い。それから小学校のプールですが、これは二五メートルプールですと三〇〇～四〇〇トンぐらい水は入っていると思います。それにジョッキ一杯の次《じ》亜塩素酸ソーダ（さらし粉を溶かしたものと思って下さい）を入れたら、数秒のうちにプールの中は全部無菌になります。いまわたしたちが飲んでいる水道水は、以前は塩素処理がなされておりましたけれども、塩素は圧力を抜くとガスになり、漏れたらわっと散って大きな被害をもたらすために、今は次亜塩素酸ソーダを使っているんです。だいたい一四パーセント溶液を使っています。柳川市の配水場に、四千トンのタンクが二つあります。タンク一つで小学校のプールに十何杯分は入るわけですね。あのタンクの大体四杯ほどを柳川市は使っています。つまり、夏は一万六千トンぐらい。それでどれぐらい次亜塩素酸ソーダを入れているのかというと、たった四〇リットルです。あのタンク四杯分に四〇リットル入れただけで、もう瞬時にして無菌状態になります（福岡県南広域水道企業団の浄水場で一度は滅菌している）。こんなことを知らないと次亜鉛酸ソーダではないにしても、もっと酸を濃くしようということでやるわけです。

　それだけではありません。わたしたちは何十万種類、何百万種類という化学物質の中で毎日暮らしています。これら化学物質に対する理解もとても大事な点です。自分は有明海をだめにしている犯人ではないと思っている人は、大間違いです。みんな犯人なんです。例えば合成洗剤です。台所の流しやトイレの洗浄剤です。毎日テレビで宣伝してますですね。合成洗剤は石油からつくります。その石油も元はたしか動植物の死がいだと思いますが、石けんも同じように植物油か動物油を使います。ところが石油のほうは何百万年という長い期間地下に眠っている間に、いろいろな物質がその中に混入するわけです。しかも合成洗剤はその石油のいいところの部分が取り去られた、一番最後のカスでつくるわけです。それを使ったら、小さい生き物が全部死ぬわけです。

合成洗剤は、生態系の循環の立役者である微生物を殺してしまうことはもちろんのこと、悪いことをしているという意識がないままに、日本人一億三千万人のほとんどが毎日大量に使っていることが恐ろしい。これは大きいですね。

堀のはたらき

その身近な例を写真を使って紹介します。これはわたしが生まれて育った蒲池の堀です、夏は水田の畔《あぜ》の高さまで水をためていますね、水田の高さまで。ところが一年中いっぱいここに水をためていたら、水田は乾きません。稲の収穫もやりにくいわけです。ですから稲のとりいれの一〇日ぐらい前になると、佐賀平野や筑後平野の堀の水を落としますね。落とすことによって水田が乾いて、コンバインを入れる

合成洗剤の泡が水面を覆う

ことができるようになります。これは堀の一番大事な役割です。堀について大学の先生たちがたくさん書いていますけども、それらの本はみんな間違っています。乾田化のことを、全然書いていません。稲がとれたらその後に小麦をまいたりソラマメを植えたり、タマネギを植えたり、ジャガイモをつくったりすることができるということです。年中いっぱい水をためていたら、そんなことはできません。湿地帯でじめじめしたままです。翌年の四月になったら、今度は新たな稲の灌漑に備えて平野いっぱいの堀に、筑後平野の場合は矢部川水系から全部この堀に水を引いてくるわけです。

この平野に人が住みついて以来、この繰り返しは変わっていません。これから先わたしたちの科学文明がいくら進もうと、この繰り返しが変わることは絶対にあり得ないわけです。このことが、堀の持っている一番大事な機能です。そんなことをだれも書いていません。枝葉のことばかり書いていますね。

この合成洗剤で汚染された堀の中にはもう生き物がいないですね。無菌状態です。もしいたとしたら、悪さをするバクテリアだろうと思います。バクテリアの種類は無数にありますし、いろいろな本に名前が書いてはありますけれども、それはほんの氷山の一角です。まだわからないことがいっぱいで、わかっているのはほんのちょっとだけです。そんなものの名前を覚える必要は全然ありません。専門の先生は覚える必要はあるでしょうけれども、わたしたちには覚える必要はありません。

善玉菌と悪玉菌

覚える必要はありませんけれども、善玉菌と悪玉菌がいるということは理解しておく必要があります。いい働きをする菌、比嘉照夫先生は発見されたそれを、有効（用）微生物群といって、その横文字の頭文字をとってEM菌といっていらっしゃいます。わたしは善玉菌、悪玉菌とかEM菌とかいいます。悪さをするやつ、病原菌なんかを悪玉菌といっているんです。この合成洗剤で汚染された堀には悪玉菌はいるかもしれませんけれども、善玉菌はいません。だからここにいろいろな汚れが入ってきても、バクテリアは住んでおりませんからほとんど分解されません。

汚れの成分が入っても分解されないとどうなるかといいますと、水質汚濁です。そして時間の経過とともにどんどんヘドロが発生していきます。ヘドロというのは、人間がいなかったら地球上に存在しないものです。ヘドロは、『広辞苑』とかを引いてみますと、「流れの悪い水底などにたまった軟らかい汚泥。不溶性の有機物を含む場合がある」と書いてありますが、ヘドロは有機物の分解が滞ったものです。いま柳川市街地の堀が汚濁していますが、これは水を良く取り入れていないからです。この写真の堀は汚濁しているだけではなく、時間の経過とともに、どんどんヘドロが下にたまっていきます。しかし、どんどん水を流してやったらまた元に戻ります。水をどんどん流したら善玉菌、好気性微生物がどんどん活躍するのです。そして、生活排水が分解されて、それが毎日少しずつ有明海に流れ込むことが大切です。

アンモニア態あるいは亜硝酸態から先を善玉菌は受け持ってくれて、無機態の栄養塩に変えてくれるんです。それが排水門からいつも少しずつオーバーフローして流れていったら、有明海のノリも大豊作になるんです。それがないから、栄養が足りないわけです。これはぜひ、今日は議員さん方もいらっしゃるし、ちょうどこの「エーコステーション」の御主人が、堀割保全条例の策定委員をなさっていたから、委員としてきちんとそのことをおっしゃっていただいて、堀割保全条例で決めたことがきちんとなされているかどうか、検証していただかないといけないと思います。

色々と話しましたが、そんなことでわたしたちはいろいろな化学物質を使って排出していますが、それが有明海に流れ込んで海をだめにしているんです。ここのところをきちんと認識していただきたいと思います。

上流、下流、海岸の交流

そのようなことを止める、有明海や矢部川を汚さないためにわたしは、「水の会」をつくってからずっと、上・下流交流というのを続けてきました（本書次章に詳述）。柳川とか大川、それから柳川近郊、あるいは佐賀の子どもたちを集めて、山に連れて行っていろいろなことをやりました。向こうは村ぐるみでやるわけですね。代わって、矢部村の子どもたちを招いて下流域の子どもたちと交流潮干狩、有明海の学習をやっております。

潮が早く引くときは柳川の沖端川から舟を出しますけれども、潮が三時とか四時ごろにしか引かないときには、沖端川から出ていたら帰りは真っ暗になってしまうわけです。ですからいまは早津江川から出ています。早津江川から出ますと、舟が浮いたらいつでも帰ってこれるわけです。沖端川と一時間以上違うわけです。向こうでずっとやっているわけです。

矢部村は村ぐるみでやりますのでいいのですが、わたしらは全くどこからも援助を受けずに、自分たちの費用でずっとやっているわけです。栗原さんという小学生ですが、「やな川のひとにめいわく」という題で、〃矢部川の川上と川下をつなぐもの、そこには何があるだろう〃という内容の作文を書いています（本書「海と山を川でつなぐ」に収録）。三年生か四年生ぐらいと思います。一年生や二年生の人たちは絵日記を書いています。彼らもちゃんと体験することによって下流のことを思っています。矢部村の人たちは有明海とか柳川の人のことを思ってくれているのに、わたしたちが平気で汚している。ほんとうに罰が当たりますね。

そんなことで、その輪を全国に広げていこうということで、いまとり組んでいます。「全国水環境交流会」を立ち上げて九年目になります。一番最初は、あれは新生党とかいろいろな党ができて国会が解散しましたちょうどあのときに埼玉県の草加市で立ち上げました。わたしが筆頭代表幹事をつとめています。代表幹事が五名います。北海道で全国大会をやったときが六回目でしたので、そのときは一回りしてわたしが大会会長をしました。今度は久留米市でこの一一月に、久留米大学を会場にして、「全国水環境交流会」の全国大会をやろうとしています。これは一年に一回です。以前、十何年か前に柳川で水郷水都全国会議というのをやりましたね（本書第Ⅱ部「柳川堀割のよみがえり」参照）。あんな大きな会議なんです。

地元でやるものですから、わたしの順番ではないですけれども、大会会長を務めることになっています。わたしは市役所の退職のあいさつに、二一世紀を担う子どもたちの健全育成にこれからの人生を賭けるということを申し上げましたけれども、何としてもわたしたちが若かったころ、子どものころの豊かな水環境を暮らしにとり戻して、それを次の世代に送っていきたいと考え、この二本でやっております。

いま参議院議員をしておられますが、議員に出られる前は建設省の河川局長をしておられた方が九州大会のときはお見えになって締めのあいさつをされましたが、その局長さんが「上下流交流を、建設省も河川政策の柱の一つにすえていく」とおっしゃったのです。すぐそれが実行され、全国的に広がってきております。何か自慢したような話になってしまいましたけれども。

なぜこれをやらないといけないかというと、いろいろな自然保護運動をやっている人たちが、生活文化の視点を全然お持ちでない方が圧倒的に多いからです。ひどい人になると、「割り箸はだめだ」とかいうわけです。何が悪いかというと、金儲けのために東南アジアとかの熱帯雨林をぶった切ってしまっている。その後に何をしているかというとエビを養殖しています。いま日本人が食べているエビの八割以上は輸入ですね。しかもそのほとんどが、ぶった切った後の養殖地で養殖したものです。我々は有明海の天然のエビを食えますね。恵まれているんです。ほかに行ったら日本の海でとれた天然のエビとか、目玉が飛び出るように高くて食うことができません。

そんなことで、金儲けのために熱帯雨林をぶった切って材木を使う。それがだめなんです。でも矢部村とか星野村に行きますと伐採適期を過ぎた杉、植えてから百年以上経ったものがいっぱいあります。雨も多いし気温も高いから、成長が速い。これらはだいたい六〇年ぐらいで切るのが一番効率がいいわけです。それがもう百年以上切られていないわけですね。切られていないというのは、外国産が安いから切っても売れないわけです。安い値段で売れば別ですけれども、そうしたら採算が取れません。成り立たないから山の担い手の人がどんどん都会に出て行って、働き手がいなくなっています。特に若い労働力がいないわけですね。

そうするとどうなるかといいますと、山の手入れを怠ると日本は災害列島になってしまいます。わたしたち日本人は「日本の国土は水に恵まれている」と思っている人がほとんどですけれども、元々から恵まれていたわけではないんです。

なぜかというと、国土が全部急峻で狭い島国です。そこでひしめく人口を養っています。人口一人あたりにしたら、世界平均の五分の一しか、空から降ってくる雨の量がないんです。しかもその降り方は、梅雨、台風時と一度にどかっと降るでしょう。自然のままでしたら、どかっと降ってざっと流れ、大洪水を引き起こしてしまいます。その雨水を、私たちの祖先たちは可能な限り土地につなぎとめることによって、洪水を防ぎ、かつ日照りに備えてきたわけです。日本が水に恵まれているのは、祖先たちの長い間の努力の結果です。そうとらえないといけません。ですから国を治めるということは古くから水を治めることでした。

水を治める、「治山治水」という言葉がありますね。これは中国で生まれた言葉かもわかりませんけれども、いま中国では形骸化して全く使われていないそうです。「治山治水」。文字どおり、水を治めるには、山を治めなければいけないということです。わたしがいま考えているこのことは二一世紀を生きるわたしたちにとって一番大事なことで、これをやらなかったら大事になってしまいます。流域全体で源流の山村を元気づけていかなくてはなりません。社会全体で山村を支えていく。その運動を約二十年続けておりまして、全国の自治体の三分の一近くがそれに参加してくれています。自治体の参加が全体の半分ぐらい、あと五百ぐらいの自治体が社会全体で山村を支えていく運動に参加してもらったら、これは必ずそういう法律ができます。

伝統的な知恵・感性・からだの喪失

私の今日の話しは、ノリを生産している方たちを決して責めているわけではありません。しかし、これまでやってきた酸処理の仕方を繰り返したらどうなるかについては、先ほど「干潟の重要性」についてのところで詳しく話しました。だんだんと有明海の水質が悪くなっているのは、菌が大きなダメージを受けているからなんです。長い間汚れたままですと、どんどんヘドロが発生していくわけです。このところを大学の先生もマスコミも考えていただきたい。結論は国の方が出すことになると思いますけれども、なかなかそれが上手い具合にいかない。またこっそりと水産庁の指示を無視して守らない人が出てきたりします。

ではそれに変わる方法はないのかといろいろ考えてみますと、「天敵」の活用というのが一つあります。「天敵」、ご存じでしょう？　私たちも「天敵」をこのお腹の中に無数に持っています。善玉菌ですね。大腸菌、ビフィズス菌など多くの種類の菌をわたしたちは持っているわけですよ。いま空気中にも病原菌や雑菌がいっぱい飛んでいます。手にもいっぱいついています。でも病気にならないのは、無数の善玉菌が病原菌などの外来菌の増殖を抑えているから病気にならないのですね。ところが腐敗したものを食べたりしますと、少し食べても、その中に無数の病原菌が入っています。それを食べたら、善玉菌と悪玉菌が戦争するわけです。そしてお腹が痛くなって、下痢をしたり吐いたりするわけです。

この「善玉菌と悪玉菌」の話はこのあと詳しく致します。

善玉金と悪玉菌のことなんて簡単なことなんですけれども、これも「意外にだれも知らない」と新聞記者の方がおっしゃるわけです。こんな基本的なことは昔の人は全部知っていたわけですけれども、いまのわれわれは忘れてしまっているわけです。そしてパソコンのゲームとかそんなものにばかり熱中しているから、とうとうアメリカよりひどくなってしまいましたね。一〇年ぐらい前までは、「このままいったらアメリカのようになる」といっておりましたが、そのうちアメリカよりひどくなってしまってひどい事件が毎日起こっているでしょう。

それはやはり私たちが子どもたちを現場で、野原や山や川で遊ばせなかったからですね。塾通いばかりさせて、パソコンとか買ってやって勉強させたりしているからあんなことになるんです。野外で遊んで学んでおりましたら子どもたちの体、これはとても強じんにできあがります。そして感性も豊かに備わってくるわけです。そしてそこから健全な精神が宿っていくわけです。そんな大事なことをやめていました。昭和三十（一九五五）年ごろから。だからもう四十なん年もやめていることになるわけです。

有明海問題は現代日本の縮図――分業化をのりこえよう

一体なぜこうなってしまったのでしょうか。戦後しばらくしますと、五十年くらい前でしょうか。欧米の文化が急速に入ってきました。その象徴的なものは「分業化」です。工場では流れ作業が主流になり、行政はどんどん合併して大きくなる。そうすると首長さんが一人でやっていけないから、中央のマニュアルでもって地方の行政をやるようになりました。縦割り行政ですね。みんなが分業化社会にどっぷりとつかってしまいました。そして現場や自然を無視したのです。昭和三十（一九五五）年には教育改革もおこなっています。それまでは、どこの小学校にも水田や畑がいっぱいあって、みんな食べ物を育てたりする勉強をやっておりましたけれど、教育改革以来それもなくなって、知識優先、詰め込み主義になってしまいました。自然や現場を軽くみすぎたわけです。

確かに部屋の中で、机の上で勉強することは必要です。でもそれだけで感性は備わりません。理念や哲学も備わることはありません。やはり自分で体験して、その体験を繰り返して確固たる信念、哲学、理念が身につきますけれど、そういうものを切り捨ててきたわけです。その結果いまいろんな問題が発生しておりますけれど、それらの原因はみんなそこにつながっていくわけです。私たち日本人はエゴイスティックになってしまっています。

いま有明海の問題が大きくクローズアップされておりますけれど、それは現代日本社会の縮図です。だれが悪いのかというと、みんな悪いわけです。自分の分野だけで関わってきたからああなってしまいました。どうしていけばいいかというと分業化をのりこえて、全体的に問題の本質を体験的に把握しなければなりません。

「ノリの養殖に酸処理はだめだ、だめだ」といっても、それでは何にもならないというのはそういうことです。

海は生き物のふるさと

有明新報 2001・6・26

豊かな有明海を子どもに

柳川でシンポ　市民環境宣言を採択

「豊かな有明海を子どもたちへ」と題したシンポジウムが二十四日、柳川市総合保健福祉センター「水の郷」で開かれ、環境問題で柳川市民として「今できること」を考えた。基調講演した「ネットワーク地球村」講師の上村雄彦さん（元国連職員）は、地球そのものが存続の危機に直面していることを指摘し「グリーンコンシューマー（緑の消費者＝地球にやさしい人々）として立ち上がれ」とメッセージを送った。

生活を見直そう

大勢が熱心に耳を傾けた基調講演

シンポジウムは、同市の十一のボランティア団体が初めて手をつないで結成した「豊かな有明海を子どもたちへ実行委員会」（近藤潤三委員長）主催。ノリ養殖がかつてない不作に見舞われたことで明らかになった有明海の異変を契機に、環境問題について柳川市民ができることを考えようという試み。基調講演と分科会のあと「生態系や人体に悪影響を与えるダイオキシンや環境ホルモンなどの汚染物質や化学薬品を使うような生活を見直す」などとした宣言（柳川市民環境宣言）を採択した。

基調講演した上村さんは、国連の食糧農業機関（FAO）職員として発展途上国で仕事に従事したが、世界で最大の食糧輸入国・日本人の意識改革が世界の飢餓問題や地球の温暖化など環境問題を解決すると考え、現在は国内各地での講演を精力的にこなしている。

植村さんは「このままいけばオゾン層はあと二十年で三分の一が破壊される、地球温暖化はあと二十年で気温が急上昇、森林破壊はあと二十年で大半が消滅し、生物の種は絶滅する。あと二十年で四分の一があと二十年で食糧危機が起こり、あと四十年で石油が枯渇する」などと指摘し「地球がなくなったら有明海も何もない。どうやったら変えられるか。それはグリーンコンシューマーが増えることと、グリーンコンシューマーがネットワークすること。有明海の問題を通し、それぞれが手をつないでいくことが大事だ」などと話した。

柳川市民環境宣言は次のとおり。

森で生まれた水は私たちの生活を恵み、懐（ふところ）の深い有明海へと注がれていく。有明海は世界でも有数の干満差で干潟をつくり、汚れを浄化し、命を育みながら私たちの生活を支えてくれた。まさに海は、生き物の故郷（ふるさと）。

しかし生活の利便性を追求し命の循環を忘れたことでこの恵みの海が疲れ病んでいる。今こそこの海に感謝し生態系バランスを取り戻すべく市民と行政が一体となって行動を起こすときが来た。

①生態系や人体に悪影響を与えるダイオキシンや環境ホルモンなどの汚染物質や化学薬品を使うような生活を見直す。

②事業所や家庭の排水に配慮し、合成洗剤・廃油・化学物質を流して水を汚染しない。

③生活排水を浄化し、命を育む水際の機能を見直し、護岸工事は生態系を壊さない工法にすることを行政に求める。

④有明海の干潟の浄化能力を再認識し、海が再び生き物にあふれるよう、干潟の再生にむけて行政と市民が一体となって努力する。

⑤ムダな買い物を止め、資源ごみを活かし、循環型社会をめざす。

⑥木を植え森を育て山・川・海との交流を深め、子どもたちに自然の大切さと豊かさを伝える。

（塩塚　純夫）

豊かな有明海を子どもたちへ

～今，私たちにできることは？～

両開小学校５年生　　田中　希望　さんの作品

とき　平成13年6月24日（日）　開場＝12:30　開演＝13:00～17:30
場所　柳川市総合保健福祉センター　水の郷ホール

□ 主　催　豊かな有明海を子どもたちへ実行委員会
□ 後　援　柳川市・柳川市教育委員会・三橋町・大和町・柳川地区漁協協議会・ＪＡ柳川
柳川商工会議所・柳川市観光協会・柳川市クリーン連合会
西日本新聞社・読売新聞社・毎日新聞社・朝日新聞社・有明新報社

『有明新報』2001 年 6 月 26 日より——諸団体、市民、行政が一体化して採択した「柳川市民環境宣言」。有明海の真の再生のためには問題の総合的理解と「協働」が大切。

ではどうするか。わたしたちが有明海にやってきた悪いことがわかったから、それを改めていかなければなりません。例えば国、県、市町村、ノリ生産者、漁師さん、遊漁者……、有明海と関わっている人すべてが、有明海の自然の法則、自然の摂理に則った暮らしをしていかないといけないわけです。そして自然、生態系の循環の輪を壊さないように、それを大事にしていかないといけません。これが一番大事なことです。循環の輪の要は、何回も申し上げますけれども菌ですよ。

それから有明海に下水を流しております熊本県、大分県、福岡県、佐賀県、長崎県。その五県の人すべてが、合成洗剤は使ってはいけません。これを使ったら絶対だめです。有機態の栄養塩を無機態の栄養塩に変える部分がだめになるからです。

ウナギとホタル

今年、第九回「世界湖沼環境会議」が琵琶湖博物館を中心に開かれます。去年の一二月にそのプレシンポという位置づけでシンポジウムが開催されて琵琶湖の方に呼ばれまして、嘉田由起子さんと基調対談をやりました。琵琶湖のほうではよく合成洗剤も石けんも富栄養化の原因になるから同じだといっていらっしゃる方がおられますが、そんな小さな気持ちではいけませんよと。もっと目を広く開いて、心を大きく持っていかないといけない。合成洗剤の話をしました。

ついでにホタルの話もしました。「ホタルは水がきれいでないと出ません」といろいろな本に書いてあります。真っ赤なうそです。水がきれいだったら、ホタルは絶対に存在しません。ホタルは、わたしが知っている生き物の中では一番大飯食いです。光るメカニズムというのは別にしまして、大飯食いだからあんなに光ることもできるだろう。ホタルは幼虫の時は自分の体の何倍もあるカワニナの中に入り込んで、一〇日ぐらいで食べてしまいます。

それからウナギも大飯食いです。梅雨の間はじめじめして気温も高い。梅雨が明けると今度はだっと照るわけですね。くたびれているからといって、ウナギを食べるでしょう。あれで精をつけるわけですが、何でウナギを食べると精がつくのでしょうか。わたしと同じ年代ぐらいの人は御存じだと思いますけれども、ウナギをとるときには長さ六〇センチぐらいで径が一二センチぐらいの大きさの竹製のウナギうけというのを夕方仕掛けます。一つのうけに両手のひらいっぱいぐらいのタニシをつぶしたものを餌に入れています。翌朝行って、それに親指大ぐらいのウナギが一匹入っていたら、全部そのタニシを食ってしまっているわけです。いま九州では冬が来ませんから、ウナギは一年中九州では活動しています。活動する日は、自分の体重の四分の一のものを毎日食べるわけです。ウナギ養殖の経験のある方は御存じと思います。

ホタルは今も申し上げたとおり自分の体よりも何倍も大きい巻貝のカワニナですか、あれの中に入り込んで、一〇日ぐらいで平らげてしまうんです。だから、あのパワーが生まれていると思います。ホタルが住んでいるところの川はみんなきれいじゃないかとお思いになられるだろうけれども、全然違います。あれは、見た目できれいなだけです。あのきれいに見える水の中には無機態になった栄養塩がいっぱい入っているのです。

ホタルが日本で一番多く出ているところは熊本県の菊池市のすぐ向こうにある旭志村《きょくし》というところです。渡瀬川《わたせ》という菊池川の支流のまた支流にいきますと、付近には全然民家は見当たらないのに（ずっと上流には一つ集落がある）、どうしてホタルがいるのかと思うと、つーんと牧場のにおいが鼻をつきます。牧場の豚や牛の糞、小便、それがホタルをいっぱい育てているんです。両岸は護岸してコンクリートブロックですけれども、川底がそのままがらがらしています。瀬があり、淵がありで、水溜りのところにはタイワンゼリ、クレソンといいますか、あれがいっぱい生えています。下をよく見たら、カワニナの殻がスコップですくえるほどあるわけですね。ホタルのパワーのもとは豚や牛の糞だったんですね。要は循環が完結しているかどうかです。

そんなことについても本はみんなうそが書いてありますから、みんなきちんと自分で現場に行って確かめて、本当のことを子どもたちに教える、子どもたちと一緒になって勉強していくことがとても大事なわけです。

これがわたしが生まれ育った蒲池、水が張っていて、ちょっと写真が悪いですけれども、もうちょっと早く行っていたら、水が入っていなかったから底まで三面張りがよく見えますが、こんなばかなことをいまやっているのです。これは、国土交通省ではありません。農水省です。国土交通省では法律でちゃんとそれをうたって禁止しています。もし市町村がそれをやろうとしたら補助金も出さない。そういう強い態度で臨んでいます。これは柳川市の、いや全国の津々浦々でやられていることですが、このよう

コンクリートの三面張り（2001年4月11日）

な田圃のなかの堀までもコンクリート三面張りが行われています。三面張りをやったら、これまで述べてきましたように、細菌類の住処がないでしょう。ここに有機栄養塩である汚れが入ってきても無機栄養塩に変わらないんです。諫早湾のギロチンと同じです。

「三尺流れて水清し」という言葉があります。これはわたしが一番好きな言葉で、日本人の祖先がまさに科学者であったことの証でもあります。どういうことかといいますと、水蒸気が結露して、一滴一滴の雨粒となって地上に降り注ぐ過程で、空気の汚れを全部飲み込んでくれます。そしてその雨が少ない場合は、地表にしみ込みます。そうすると、地表面の土――表面は土壌といいます――はよく熟成されているわけですね。よく「完熟堆肥」とかいいますが、あの土を土と思っていると大間違いです。土の七〇パーセント、三分の二以上が菌なんです。ですから、一立方センチ。たったこれぐらいの中に、二〜三億個います。陸上では酸素が無限ですから、たちまち彼らが汚れを食べて分解してくれます。

ところが雨が余計に降りますと、今度は屋根の上でも畑でも道路でも、いろいろな生き物の死がいや植物の死がい、つまり分解の途中にあるものがありますが、それが川に流れ込むんです。ここのところが非常に大事です。自然の川でしたら、浅い部分（先ほど干潟の例を出しました）、濡れたり乾いたりするところには彼らが種類も多様に、個体数も多く住んでいます。彼らは汚れの成分（有機栄養塩）をどんどん食べるわけです。雨が降るとどんどん流れるわけですが、流れると水の中でもたえず酸素を呼吸し続けていられるわけで、それらがどんどん増殖して、無機物に変えていくわけです。わかりやすい言葉でいいますと、分解してくれるわけです。どんどんふえた菌は小さい動物によって食べられます。分解された栄養塩は新しい生命を育んでいきます。そしてやがて魚が育ち、トンボが、あるいはホタルが舞うわけですね。それをわたしたち人間が食べたり見て楽しんだりしています。そしてまた、老廃物と余ったものを大地に返しているわけで、そのことを「三尺流れて水清し」といっているわけです。つまり、川の浄化力のことです。これが大事ですね。

こうした勉強会をみんなでやらないといけません。これも、東京の農水省の課長さんたちに個人の立場でわたしたちの会議に参加していただいて、やっと一〇年近くかかって政策を転換することになりました。これが間もなくマニュアル化されるだろうと思っています。

「天敵」の話——EM菌のノリ養殖への活用

最後に「天敵」の話をいたします。わたしたちの体、お腹の中には天敵——天敵という言葉が適当かどうかわかりませんが、ここではいちおう天敵で話を進めます——天敵が無数にいます。わたしたちと共生しています。

わたしの庭ではシャクナゲをいっぱい植えています。一番長くもっていたのは、昭和五十四（一九七九）年に持ってきたものが、平成六年だったか、猛暑のときに枯れました。この写真はことしのです。四月一一日の写真です。平地の柳川で、矢部村のに負けていないでしょう。それにはちょっとしたわけがあります。

七年前だったでしょうか、柳川市の昭代第一小学校でわたしが講師になって、EMボカシ（籾殻や米糠をEM菌で発酵させたもの）のつくり方の講習会を開きました。ところがその後わたしの家に習いに来た人の三分の二が失敗しています。米とかをつくっていらっしゃる人は、あまり失敗されません。何でそんなに失敗するかというと、EMボカシを余計にやるわけです。失敗する方が、EM菌の原液をわたしの家に相談にみえるわけですが、「どれぐらい耕作しているんですか」ときいても返事がハッキリしませんので見にいったところ、この部屋の広さぐらい、五〇平方メートルぐらいかな。そこに、短期間でもう何十キロと投入してあるんです。稲を育てていらっしゃる方はご存知でしょう、八月後半になっても水

天敵利用の庭（著者宅）

田の中に窒素分があまり残っていたら稲は実りません。茎葉だけどんどん太くなっていって穂はよくつけません。そして全部倒伏してだめになるわけですね。

何でもそうですけれども、毎日毎日ウナギの蒲焼を朝から晩まで食ってごろごろしていたら、人間も健康を損なってすぐに死にます。「あなた、看護婦さんをしていたからそんなこと御存じでしょう」と申しますと、「だっていいものだったら、余計にやってもいいでしょう」とおっしゃるわけです。

この袋の中身はＥＭボカシで、わたしの仲間の家で、去年の二月につくりました。ことしはつくっておりません。五百グラムずつこのＥＭボカシをビニール袋に入れているわけです。まだ三五〇グラムぐらい残っていますね。一年四か月ぐらいの間に、たったこれだけ一五〇グラムぐらいしか使っていないんです。それからＥＭＸといって、飲んだらお腹の調子がよくなるように飲んでもいいものですが、それの二五〇〇分の一に薄めた液を噴霧器で昨日まきました。そんなことでＥＭ菌がわたしの庭を支配していて害虫や病原菌の天敵の働きをしています。だからシャクナゲがちゃんと育つんです。苗木のときに買ってきたのがこんなに大きくなりました。柳川市では、ほかにまずないと思います。大きいのを向こうから購入してこられてもだいたい二、三年で枯らしてしまいます。これが咲いているときは新聞配達の方が止まってご覧になって「きれいですね」とおっしゃいます。これは花木の王様なんです。

そんなことで、シャクナゲとは違いますがＥＭ菌をもう五年ぐらい前から使ってノリ養殖をやって大成功しているところがあるんです。そこでは一切酸性処理剤を使っておりません。どういうことかといいますといまお話ししました「天敵」なんです。いまは酸性処理剤を箱舟の中に入れてから薄めて、それにさらにノリの栄養分を入れて、それに網ごとずっと浸していっていますね。栄養分を入れるのはノリをやっている人たちが一番詳しいでしょうから、それは心配いらないわけです。

ＥＭ菌というのは善玉菌ですが、これがわたしの家の庭にいっぱいいて庭全体を支配していて、だから、私の庭に悪い病原菌が入ってきても善玉菌に全部やっつけられてしまいます。わたしたちが少々病原菌を飲み込んでも病気にならないのは、腸内に善玉菌がいて、彼らが天敵になっているからです。ところが腐敗したものを食べますと、今度は腐敗菌が無数にいるわけです。ここで戦争が始まって、腹痛を起こして下痢をやる。

そういうことですから、きちんと農業体験をされた方で研究熱心な方が何十コマとノリを養殖されていましたら、最初は三つ、例えば三千倍液、このコマのノリ網には六千倍液、こちらのコマのノリ網には一万倍液ということで細心の注意を払ってやって（張り込み前に陸上でＥＭ菌をノリ網に植えつける）みられて、それでよかったら一番よかった分をさらに追究していく。その結果をノリ生産者全体に広めていったら、必ず一枚三五円するノリがたくさんとれるようになっていきます。

しかし、わたしが野菜栽培にＥＭ菌を紹介して、多くのかたが失敗した経緯から考えますと、ノリをやっている方の成功しているところを見に行って自分たちでやり始められたら、「天敵」をどんどん使われるだろうと思います。どんどん使われたら、もう全然ノリはとれません。ほんのちょっとでいいのです。わたしの家ではシャクナゲを鉢に植えていますけれども、一鉢にＥＭボカシは一つまみです。ですから一グラムの何分の一かしか使っておりません。長野さんからいただいたＥＭＸ（飲んでもよいＥＭ液）は、まだ冷蔵庫の中に半分以上あります。噴霧器の下にこんな五リットルの容器がついています。それに二ＣＣほどしか入れませんので、二五〇〇分の一ぐらいの希釈率になっているわけですね。それをワッと噴霧しています。それだけでもう全部善玉菌が支配しますので、ここに悪い菌が来ても問題にならないわけです。

そういうことでご協力いただけるノリ栽培者農家の方がきょうこの場にお出でになることを期待しておりましたけれどもおみえでないようですね。いまは田圃がものすごく忙しいときで、きょうは天気がすごくよいですから参加されておりませんが。みなさんに理解していただけるように、このはなしは続けていって、地域の人たち全体でもって有明海を再生させたい。それを申し上げて、わたしの話を終わらせていただきます。御清聴ありがとうございました。

＊　＊　＊

磁気処理器

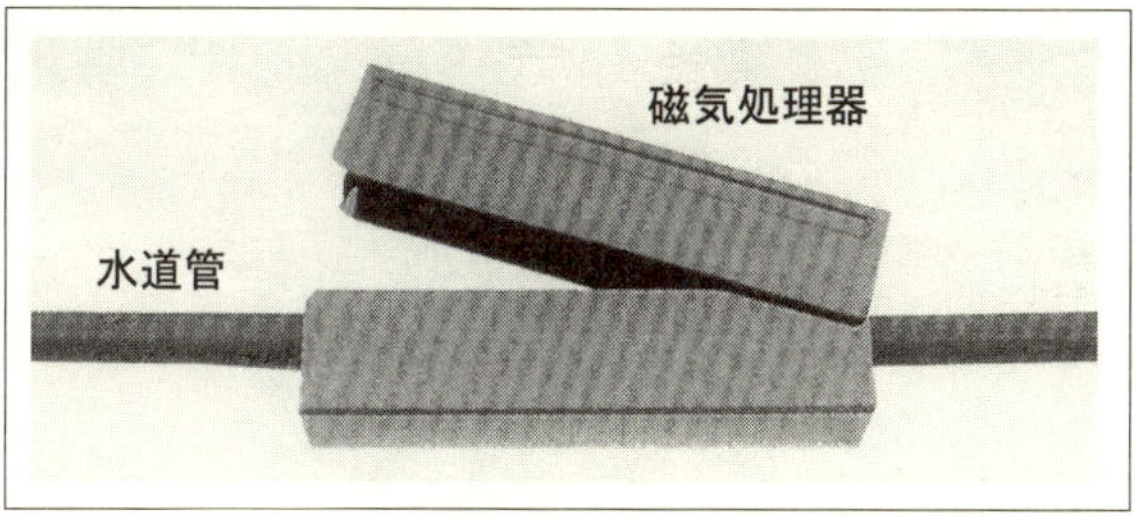

広松　講演の補いとしてみなさんとすこしお話したいと思います。

先ずわたしのほうから、合成洗剤を使わずにどのように洗濯するかという話をいたします。講演が終わってからまた自分の話を持ち出して悪いんですけれども、わたしの家ではここ数年、合成洗剤とか石けんは下着などの洗濯に一切使っていません。ここに一つ持ってきましたけれども。社長さん、この大きいのを持ってこられましたか。ちょっと見せてください。この水の磁気処理器を水道のメーターの後ろ側に挟むと、水の分子集団がばらばらになります。

水の大きな性質に、どこにでも水自身が入り込んでいく、それから何でも受け入れるという性質があります。水の分子は一個一個ばらばらにあるわけじゃなくて、ブドウの房みたいに一塊になっているわけです。ブドウは房が大きい方がいいわけですけれども、水の分子集団（クラスター）は小さいほどいいわけです。人

磁気処理器を手に説明する著者

間の社会もそうですね。やはり本当に社会のために活躍する人なんかは、一人でやっています。集団で大勢でやっているのは、だいたい怠けてしまう。

この水に磁気処理器を設置しますと、どういうことになるかというと、水の分子集団が小さくなるわけです。こちらもそうです。このプラスチックのボールの中に強力な磁石を組み込んであるわけですが、これを洗濯機の中に入れますと、一緒にガラガラ回ります。このままでは重たいから底ばかり回ります。それで何か軽いものを一緒に入れてやらなければなりませんが、ちょうどわたしたちのところでドブさらいをするとき、これは柳川高校のテニスボールだろうと思いますけれども、いくらでもこれが出てくるわけです。テニスボールをきれいに洗ってこの袋の中に入れて一緒に洗濯機に入れてやりますと、テニスボールは軽いから上に浮くわけです。そして洗濯機の中で洗濯物と一緒によく回るわけです。すると水の分子集団がさらに小さくなります。

この水の磁気処理器を通した水でノリの加工をしたら、水道の水をそのまま磁石をつけないで加工したのとは全然違います。一枚から何円も高いノリができるんです。そしてその家庭からの排水なんか、臭くありません。この磁気処理器を水道管につけたら、あまり洗剤とか石けんを使わなくてもアカが落ちてしまいます。それは水の大きな性質です。どこにも入り込んでいく、何でも受け入れるという性質ですね。水は五つの大きな性質を持っていますけれども、そのうちの一つがそれです。

A　水道管に設置するのは最初の長くて大きい方でしょう。

広松　そうです。これが二つ割りにこうなっています。ちょっと開けていいでしょうか。この長さ（三〇センチぐらい）、水道管の直線部分があったらいいわけです。そして向き合わせます。いま簡単に外れましたけれども、正式にはこのようにプラスとマイナスを合わせてはめます。はめてしまいますとこれがはずれないから、水道管がこれぐらい（三〇センチ）の長さ直線のところがあったら、二つ割りになったのをはめるだけです。いろいろ周りを締めたりする必要は全然ありません。これは外側はステンレスですから、半永久的ですね。これだけで水の分子集団が小さくなります。

わたしはいまでも、生水を一日に六リットル飲みます。それでも、全然お腹がごろつきません。寝る前に水を大量に飲みます。それからおしっこに起きたときにまた飲む。起きたらまた飲む。これが健康にいい、一番大事です。いま日本人は一人一日平均二・五リットル飲んでいるそうです。この間までは二リットルといっていましたけれども、二・五リットルです。直接、間接に水をとり入れています。人間の体は、だいたい若い人たちは体の三分の二ぐらいが水です。わたしたちぐらい、六十歳ぐらいになっても半分は水です。いい水をたくさんとり入れますと、体の中の水がその分入れ替わりが速くなるわけです。水をたくさんとり入れたら水太りをするということは決してありません。どんどん汗とかおしっこになって出て行くわけです。これが体内で発生する老廃物、毒素なんかを体外に早く排出してくれるわけです。いい水をたくさん飲むというのは、健康の秘けつですね。

わたしの友達が福岡県大川市の井手堀というところでイチゴを栽培しています。あの辺は堀の水が合成洗剤で汚染されています。それでわたしのところに相談に来ました。あんな汚い水では設置しても効果ないだろうといってきたので、元々きれいだったら設置しなくてもいい。昔のように水がきれいだったら、こんなことはしなくても元々クラスターは小さい。悪い水ほど、設置をしたらよくなる、と言って設置したのです。これ使っていない人から比べたらイチゴが一パック百円ずつ高い。証人の方がここにいらっしゃるわけですし。そんなことで、磁気処理器をとり入れていくとよい作物ができるわけです。

さらに洗濯機の中にこのボールを入れたら洗剤とか全然使わずに汚れがすぐ落ちます。そうしたらいろいろなものが皮膚にできたり、体がかゆくなることもありません。みんなその気になって磁気処理器を設置して合成洗剤や化学物質を使わないようにとり組んでいけば、有明海の再生もそんなに時間はかからないと思います。要

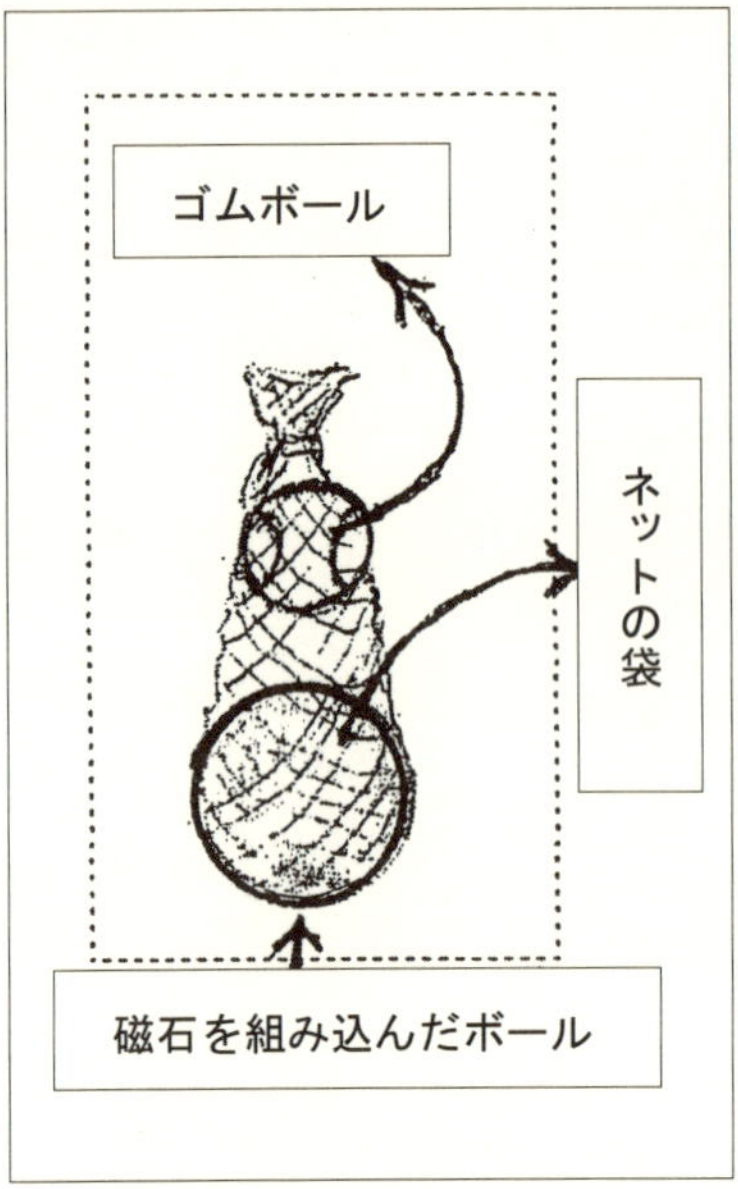

磁石を組み込んだボール

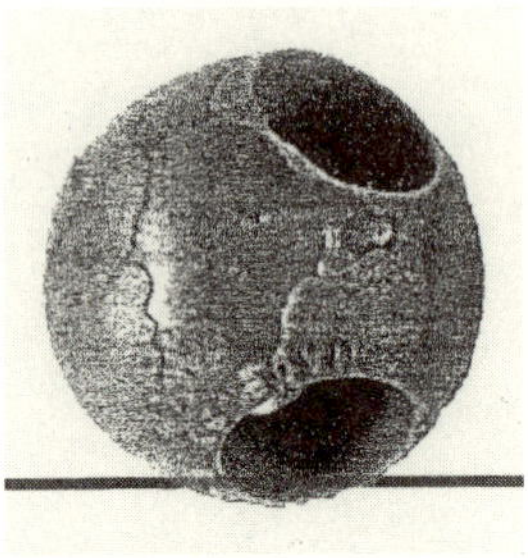

「スーパーボール」が汚れを引き離すしくみ

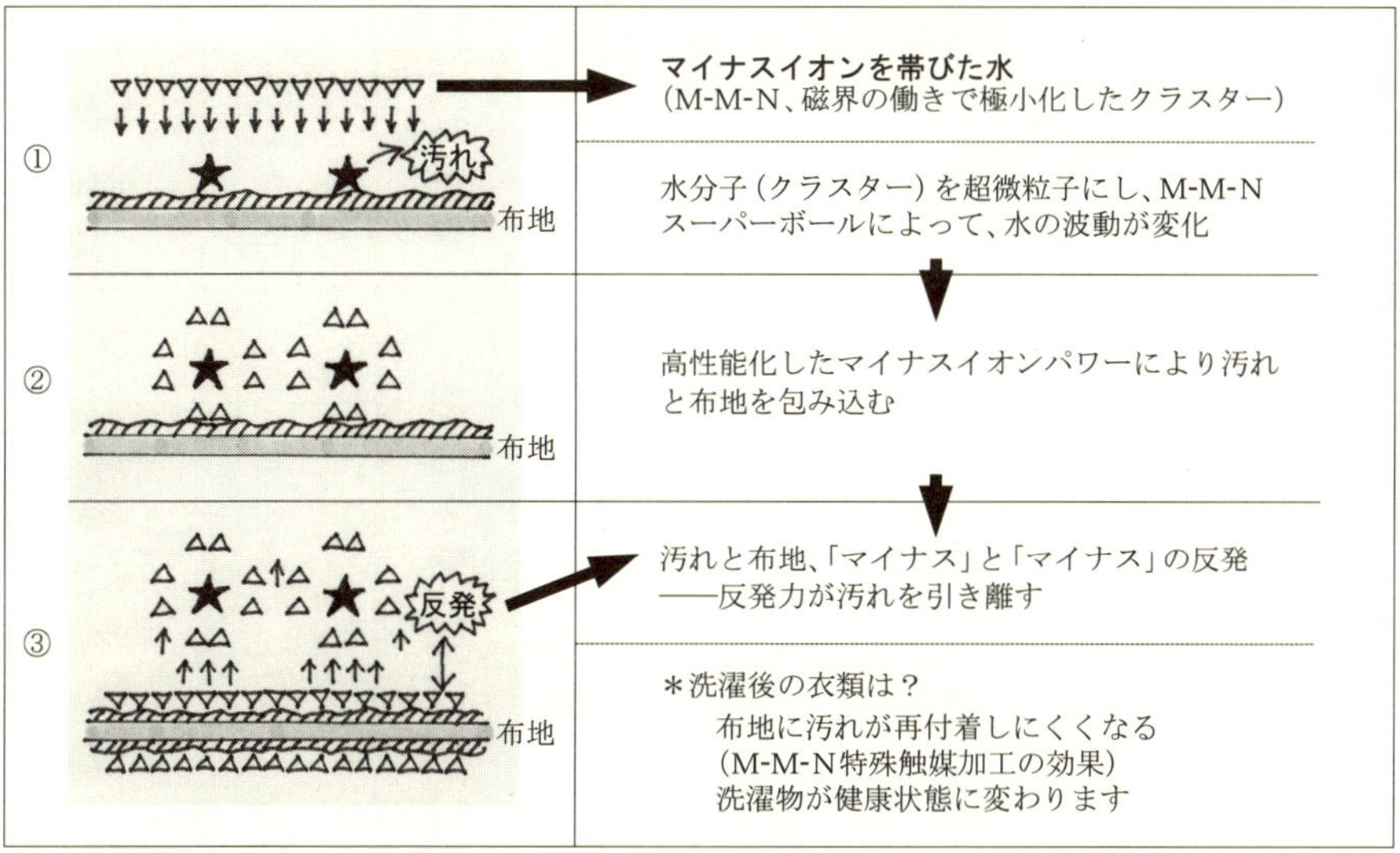
①
汚れ
布地
マイナスイオンを帯びた水
(M-M-N、磁界の働きで極小化したクラスター)
水分子(クラスター)を超微粒子にし、M-M-N
スーパーボールによって、水の波動が変化
②
布地
高性能化したマイナスイオンパワーにより汚れ
と布地を包み込む
③
反発
布地
汚れと布地、「マイナス」と「マイナス」の反発
──反発力が汚れを引き離す
＊洗濯後の衣類は？
布地に汚れが再付着しにくくなる
(M-M-N特殊触媒加工の効果)
洗濯物が健康状態に変わります

＊衣類に付着した汚れを、マイナスイオンの働き、磁界の働きで極小化された水が、繊維の奥深くまで浸透して、汚れをきれいに引き離し、美しくソフトに仕上げます

は、みんながやるかやらないかです。

B　洗濯するときに何個いるのですか。三個くらいですか。

広松　一個でいいです。

B　一個でいいんですか。

広松　ボールが重たいから、二個ぐらいテニスボールの古いのを入れます。それでいいわけです。

ところで、野田先生もちょうどお見えですから。専門の方もいらっしゃいます。向こうにも専門の方が二人いらっしゃいます。水処理の専門の方。それで、まずは長老から話を切り出してください。

C　海水と淡水でも同じ微生物が出るというのは、淡水の場合と塩水の場合では、違うのではないですか。

広松　種類は違うだろうと思いますけども、

同じように悪いことをするやつ、ノリの病原菌がいますね。これは悪玉菌です。そうではない、どんどん有機物を分解して無機栄養塩に変えてくれる善玉菌もいるわけですね。その辺のところについては、わたしは顕微鏡とにらめっこしているわけではありませんからわかりません。先ほど申し上げたように善玉菌、悪玉菌ぐらいのことで覚えていたら、それで十分事足りるのではないかと思います。

ノリ生産者、漁民を責めてはいけない

広松　わたしが水問題に取り組んだ当初は、河川浄化という言葉もなかった。それから住民参加という言葉も行政の中になかったんです。そのとき全くわたし一人だったんです。一人だったけれども、二人、三人になってずっとふえていって河川法改正まで行きました。いまこれぐらい関心が高まっていますので、その気になってとり組めば有明海の再生なんかそんなに難しいことはないはずです。あくまでも気をつけていかなければいけないのは、ノリ生産者と漁師さんが対立しないこと。またノリ生産者や漁師さんとわたしたちが対立しないことです。同じテーブルについて、議論を戦わせて、そこから再生への道を探っていく。そういうことでいかないといけませんので、冒頭にも申し上げましたように決してある特定の団体とか企業とか、いろいろ国や県、ノリ生産者、漁師さんを責めるということは、ここでは絶対にしたくありません。

ただちょっと残念だったのは、『週刊新潮』に藤原書店のPR誌に書いたのを（本書「有明海問題の真相」）

とり上げていただいたのはとてもうれしかったですけれども、酸性処理剤のことだけしか書いていないでしょう。それで誤解を受けているんです。一生懸命とり組んでいるのに誤解を受けると、残念です。そんなことにならないようにやっていくことが、とても大事ではないかと思います。

きょうは、現にノリを生産しておられるという方がお見えになってないと思っておりましたが、お一人ですけれどもお見えになっていたということで、きょうの講演の意義が大きくなったかと思います。決してわたしたちはノリ生産者が酸性処理剤を使っているから、それが原因だとしてもノリ生産者が悪いといっているわけではありません。そういうことをやはり反省して、全部洗いざらいふたをせずに、臭いものにふたではなく、臭いものは出して原因を洗い出して、それをみんなでとり除いていくことが大事ではないかと思います。その会報に書いておりますのを見られたら、それがよくわかると思います。怒っていらっしゃる方がおられたら、ぜひそんなふうに伝えてください。よろしくお願いします。

（二〇〇一年六月一〇日、柳川市「エーコステーション」における講演に大幅加筆）

●「磁気処理器」
＊製造発売元　株式会社　日本微生物――佐賀県神埼郡姉川一五三〇　[電話　0952-53-4271　ファクス　0952-53-4277]
＊ご注文先　広松美代子――福岡県柳川市本城町四六の一四　[電話　0944-73-3405]
●「スーパーボール」
＊製造発売元　株式会社　ビューティ　エレガンス――兵庫県神戸市東灘区深江北町一丁目一一の二〇
[電話　078-452-0298　ファクス　078-452-0299]

海と山を川でつなぐ
――有明海問題の総合的解決にむけて――

「水の会」は福岡県の南部、筑後川と矢部川が有明海に注ぐ間のまち、柳川市で生まれました。

柳川地方は、今は「水郷柳川」と呼ばれる水郷地帯ですが、もとは水に恵まれない大変な低湿地帯でした。先人たちはこの地を堀を掘って開きましたが、この平野をつくった筑後川は有明海の海の潮がずうっと上流までさかのぼるため、平野の用水を賄うことができませんでした。そこで、柳川地方では平野の南部を流れる小さな矢部川に依存せざるを得ず、水の確保には大変な苦心と努力が払われてきました。この矢部川をめぐって藩政時代には久留米、柳川の両藩が世界に例を見ない熾烈な水争いを百数十年にわたって延々と繰り広げたほどで、この川は古くから極限まで利水開発が進められてきました。(第Ⅱ部「柳川堀割の歴史から」に詳述)。

このように水に恵まれていなかったがゆえに、時には暴れる水をなだめ、少ない水を有効に使う知恵も高度に集積されていました。ところが残念ながら、ご多分に漏れず川や堀の汚濁荒廃が進みました。

「水の会」の発足

そこで、柳川市では一九七八年から住民参加で再生(河川浄化事業)に取り組みました。その中で大勢の人たちと交流が生まれました。その一つが「八女《やめ》・山門《やまと》研究会」です。「矢部川流域にはすごい文化がある。勉強してみては……」。ほんの少し前までは流域には独自の文化が花開いていたんだ。地域の真の豊かさを目指すには、東京や福岡ばかりに目を向けるのではなく、地域の歴史やよさをもっとよく知らなければ……、流域独自の文化に学ぼう!と流域市町村の有志、郷土史家など十数名で八〇年から、「八女・山門研究会」を始めました。

会員各々が講師になり、会場は上流・中流・下流と勉強のテーマごとに変えておこなってきました。まずは矢部川を下流から上流まで観て歩くことから始め、流域の歴史、文化、産業、高齢化社会への対応等々さまざまな分野に及んでいます。会場が上流のときには下流の人が有明海の幸を手土産に、帰りは山の幸をもらいます。下流のときはその逆というわけです。そして、潮干狩り、シャクナゲ祭り、と上

大杣自然塾（源流体験）1994 年 8 月

大杣自然塾　1994 年 8 月

森林づくりボランティア活動　1998 年 3 月

源流の山への植林　1996 年 3 月

流と下流の交流を続けてきました。

この会をとおして、山村では材価の低落と労働力の不足、とりわけ若年層が少なく森林・山村ともども崩壊寸前にあることを知り、さらに、山村の人たちがこの厳しい状況の中で骨身を削っておられる姿に接して、山村づくりに参加していくことを決意したのです。

交流潮干狩（漁港で潮待ち時間に有明海の学習）1998 年 5 月

洪水を防ぎ国土を保全して空気を清め、命の水を恵んでくれる森林。その担い手が減少することは、山村のみの問題ではなく、わたしたち国民一人ひとりの問題です。このことを自覚し、山村づくりに参加していくことは、下流域住民の責務なのだということです。

このような中で「水の会」が発足しました。このきっかけも先の研究会同様、河川浄化事業にさかのぼります。この事業の成果を受けて、一九八九年五月、第五回水郷水都全国会議が柳川市で開催されました。水郷ならではの多彩な催し、会議の内容の豊かさもさることながら一二〇〇人を超える参加、とりわけ女性の参加が五〇〇人を超え、これまでにない多くの参加を得て画期的な成功を収めました。現地では、この成果を踏まえて活動を継続していこうということで、一九九一年八月一日「水の日」を記念して主に福岡・佐賀県内の人たちが集まり、「水の会」を発足させました。

柳川市には先に述べたように河川浄化事業で住民と行政の協働が実って以来、水環境の保全と再生に取り組んでいる大勢の方々が訪れる交流があります。この交流をとおし地域に根差した水の文化と、この水郷の先人たちの水とのつきあいの知恵に学んで、失われつつある水文化の再構築、継承発展と水環境の保全再生に役立てようと「水の会」を結成したわけです。会員は北海道から鹿児島まで約一三〇名。他団体・個人との交流、毎月の例会のほか、講演会、シンポジウムの開催、見学会、会報の発行などをおこなっています。水環境の浄化を考えるネットワークを広げていく、いわば水文化の情報発信基地です。

山村に感謝し、交流をいつまでも

活動の重要な柱の一つに、矢部川源流の矢部村との交流を据えています。「有明海の幸も山からの贈り物」と心に刻み、矢部村の小学生たちを招いて、下流域の小学生たちとの交流、また、矢部村の案内で、大杣《そま》自然塾、森の教室、源流体験キャンプ等をおこなっています。上・下流の子どもたちは、矢部川源流を守ることは、下流の人たちの生活を守ることにつながることを身をもって認識したことが、作文・絵日記などからうかがえ、意を強くしています。

一九九五年からは、九一年の台風一九号で大きな被害を受けた矢部川源流の山へのボランティア植林事業にも参加しています。九六年九月には有明海に注ぐ五県の仲間と大型フェリーを貸しきって海上から源流の山々を眺めて、海・山・川を語り合い、水系の浄化と保全の道を探りあいました。九七年五月一七日・一八日には柳川市で第五回九州水環境交流会を九州の仲間と開催しました。続けて五月二五日に有明海の潮干狩（矢部川の川上と川下が有明海で交流）。七月二四日・二五日には大杣自然塾（日向ダムの謎を知ろう・水泳・箱舟・カヌー・川の生物調査・魚釣り・キャンプ）。九八年五月二四日には六回目の有明海の交流潮干狩りをおこないました。この交流事業は、会発足後まもない九二年三月二九日「矢部川源流探訪と矢部村の元気づくり学習会」以来一二回と会を重ねています。

「水の会」では微力ではありますが、この輪を流域全体に広げ、さらには行政をも巻き込もうと、地道に粘り強く活動を続けています。川下と川上の良好な関係が再構築されて流域が一体となれたら、そのとき初めて川は清く豊かに流れて「いのちの水」とやさしさを恵んでくれるものとの信念のもとに活動を続けていくことにしています。

「やな川のひとにめいわく」

栗原里奈

今まで矢部村で雨がふっているときに私は、いやだなと思っていたけど、その1てき1てきが山にしみこみ有明海にとどいていると聞き、私は雨がいやではなくなりました。

矢部川から有明海までつながっているから、と中と中で何十人、何百人の人がその川をよごしてはいけないと思いました。いままでは平気で空きかんやゴミなんかすてていました。でも有明海の海によごれなんかたまると、今では生きていられる魚や貝が、すめなくなります。また、魚や貝を取る有明海の人達にも大へんめいわくになります。

川から、海へつながっていると聞き、やっと、今度初めて自然の大切なことに気が付きました。大へんいいけいけんになり楽しかったので、今度は、やな川の人が矢部村にきてくれるといいです。きっといいけいけんになるでしょう。

「水の会」の体験から

夏休み最初の週末、矢部川の源流で泳いだ。水はどこまでも清く冷く、清冽そのもの。流れに身体を浸した途端、思わず「生き返った」と呟いた。何十年振りだろうか。梅雨明け十日の炎暑で疲れのせいもあってか、その心地よかったこと。矢部川上・下流交流「子ども海彦山彦ものがたり」でのこと。

一九七七年から柳川市街地の堀の再生に取り組んだ中で、多くのすばらしい出会いがあった。その一つが「八女・山門研究会」。

地域の真の豊かさのためには、中央にばかり目を向けていたんでは駄目だ。地域の歴史や良さをもっとよく知らなければ……。流域独自の文化に学ぼう！と矢部川流域の有志十数名で始めた。

会員各々が講師になり、会場は上流・中流・下流と勉強のテーマ毎に変えてやってきた。まずは矢部川を下流から上流まで観て歩くことから始め、流域の歴史・文化・産業・高齢化社会への対応等さまざまな分野に及んだ。会場が上流のときは、下流の人が有明海の幸を手土産に、帰りには山の幸を頂く。下流のときはその逆というわけで、潮干狩・釣り・シャクナゲ祭り等々、交流を続けてきた。

この会をとおして私は、山村では材価の低落と労働力の不足、とりわけ若年層が少なく、森林・山村ともども崩壊寸前にあることを知り、さらに、山村の人たちがきびしい状況の中で骨身を削っておられる姿に接

大杣自然塾　1997年7月

して、山村づくりへの参加を決意した。

一九九一年には「水の会」を結成。活動の柱の一つに、子どもを中心にした矢部川上・下流交流を据えた。「有明海の幸も山からの贈り物」と心にきざみ、「山村に感謝し、交流をいつまでも」を合言葉に、矢部川源流の矢部村と下流域の子どもたちの交流潮干狩・森の教室・キャンプ・水泳・川の生物調査等々。さらには植林・下草刈り、と交流を続けてきた。「子ども海彦山彦ものがたり」はその一環で一五回目になる。

この輪を流域全体に広げ、川上と川下の良好な関係を再構築して流域が一体となれたとき、はじめて川は清く豊かに流れて「いのちの水」とやさしさを恵んでくれよう。

加えて、大自然の中でこのような体験を重ねてこそ子どもたちに強靭な身体と豊かな感性が備わり、健全な精神が宿ろう。

第II部

水再生の思想

柳川堀割のよみがえり
――堀割再生の経験から

はじめに

こんにちは、広松でございます。今日はこのような機会を設けていただいて、ありがとうございます。会場にお集まりの皆様に、厚くお礼申し上げます。

わたしはいま五十一歳ですけれども（一九八九年時点）、五一年の今までの人生を振り返ってみますと、一番すばらしかったことは、わたしの生まれて育ったところの堀割、川の中で魚をとったり、泳いだり、戯れたりして暮らしてきたことです。成人してから市役所にお世話になっているわけですけれど、市役所でもまたずっと水の仕事、上水道の水源を開発する仕事に携わっていました。いまから一二年ほど前からは、汚れきって瀕死の状態、消滅の危機にあった柳川の堀割を、住民の方と一緒になって再生してきたわけです。

今日はわたしが長い間水とかかわっておって、水は自分の命だと思っていること、水の性質や働き、柳川で住民の方と一緒になって堀割を再生した模様、それを通して自治体職員としていろいろ考えさせられたこと、また、水と人間はどのようにかかわっていくべきかということ、最後に第五回水郷水都全国会議を柳川で（一九八九年）五月二七日〜二八日にやる予定をしています。わたしはその事務局長をつとめさしていただいていますので、そちらの宣伝を少しさしていただきたいと思います。話が下手で、ちょうど午後の眠くなる時間ですけれど、しばらくの間、ご清聴をお願い致します。

わたしが生まれ育ちましたところは福岡県柳川市の蒲生というところで、以前は福岡県三潴《みずま》郡蒲池村蒲生と呼んでおりました。全国で一番堀割がたくさんあるところです。その中で、物心がついたときから、ずっと魚をとったり泳いだりしておったわけです。非常に素晴らしい豊かな水環境がありました。ところが、柳川の市街地は昭和三十（一九五五）年を境に汚濁が進行してしまいました。中小水路はたった二、三年でだめになりました。柳川で観光川下りが城堀を使って昭和三十六（一九六一）年から始まりますけれど、現在、船が盛んに通っております川下り内堀コースは、当時すでに船が通れなくなっておりました。外堀を使って観光川下りをやっていたわけです。その川下りコースも、昭和四十年代になると駄目になってしまいました。

詩情漂う柳川の堀

わたしが生まれて育った大きな堀割は、規模が大きいものですから包容力が大きくて、なかなか汚れませんでした。しかし、その大きい堀割も、昭和四十年代の後半になりますと少しずつ汚濁が進行して、昭和五十（一九七五）年には釣った魚が食えなくなりました。昭和五十年の暮れに漁船を購入して、それ以来ずっと有明海に釣りに行っておるわけです。ところが、その有明海が今どんな風になったかと申しますと、沖のほうで漁船の生けすの栓を閉めて港に帰って、魚を家の生けすに移し変える場合は、ブロアーでエアをふかしますけれども、泡が次々に消えていきます。しかし、燃料を節約するために、少し河口に近づいてから生けすの栓を閉めてきたときには家の生けすに移し変えてからブロアーでふかすエアの泡が盛り上がって消えません。大きな有明海まで、いま汚染されているわけです。わたしは自分が育ったところの大きな堀割から、あるいは川から追い出されて有明海に逃げていきましたけれども、いまはまたその有明海からも追い出されようとしております。

また、若いときはよく酒をあびるほど飲んでおりましたので、翌朝はいつも大量の酔い醒めの水を飲んでおりました。あらゆる飲み物の中で、酔い醒めの水ほどおいしいものはありませんでした。昨夜も「水郷水都」の事務局会議をやってから、それが終わって飲みに出て、二時頃まで飲んでおりました。今朝、六時に起きて酔い醒めの水を飲もうとしましたが、ムッと吐き気がするように、水道の蛇口から出てくる水がまずくなってしまいました。もちろん、飲み過ぎということもありますけれども(笑)。

最初に申し上げましたように、わたしはきれいな堀割の中で魚をとったり泳いだりしてきたこと、それから酔い醒めの水が飲み物では一番おいしかったものですから、何としてもあんなふうに豊かな水環境を自分たちの世代で取り戻して、暮らしに生かし、次代に引き継いでいこう、そうすることが、豊かなすばらしい実体験を持っている、自分たちの世代の責任ではないかということで、いま、微力ながらがんばっておるところです。

生あるものを形づくり、地表を循環する水

わたしたちの体の大部分が水で構成されておりますように、水の一番大事な機能は構造機能です。生

あるものすべての構造をなしております。また、水はわたしたちの生存の基盤である大地をも構成しております。特に沖積平野ですと、最低五〇パーセントは水です。わたしが生まれて育ちました筑紫平野に至っては、なんと一番水分が多いところは七〇パーセントから七五パーセントは水なんです。それから、水の一番大きな特性は、たえず地球の表面を循環しているということです。あるときは霞になり、あるときは液体になり、あるときは固体になり、姿を変えつつ、絶えず循環している。この水の機能と特性によって、地球上に生命が存在しているわけです。

地表を循環している水は、わたしたち人間をはじめさまざまな生物の活動で生じた老廃物を分解して、新しい生命を育んでくれます。水、土、微生物、これが一緒になってはじめて、老廃物が分解されて新しい生命に替わるわけです。いわゆる生態系の循環があるわけです。われわれ人間の生活も太古からその循環過程の中から動植物を取り出して、老廃物を土に返すことによって営まれてきたわけです。われわれ人間が、水と密接にかかわるようになったのは、自分たちの食糧を、土地を耕してから、得るようになってからです。つまり、農耕文明を切り開いて以来のことです。

狩猟採集の生活から低地に降り立って、低地の水はけをよくしたり、あるいは農業用水を得るために堀を掘り割ったり水路を敷いたりするわけですね。できた堀割や水路は、土地の生産力を飛躍的に高めて、やがてそこにたくさんの人が集まり、町が生まれ、文化が築かれてきたわけです。いつの時代も、みんな水や水路や堀割、川を大事にしておりました。

捨て方にはずいぶん気を遣っておりましたね。現在みたいに、台所から垂れ流しということは皆無でした。完全に自家処理をやっておりました。屋敷の一画に溜を掘って、下水はその溜めに落としておりました。さらに、その溜めから素掘りの溝で堀割や、小川や、水路に落としていたわけです。溜めの周りには浄化者のミミズや小さな生き物が住みついておったわけですね。溝の周りにも浄化者たちがたくさん住みついておりました。わたしのところの溜めにはたくさんのシマミミズがおったので、よく、そのシマミミズを餌にして、裏の堀で鮒を釣ったりしておったわけです。

台所の排水が、堀割や水路や川にたどり着いたときには、もうほとんどすっかりきれいになっておりました。それでも、人がたくさん住んでおるところでは、やはり川や堀が汚れてきます。汚れたものはきちんと、町内会や、あるいは隣近所で共同で清掃なんかをやっておりました。わたしのところは農家でしたので、堀の底にたまった泥を田圃に客土してました。川祭りをやったり、水神際をやったり、毎年欠かしたことはありませんでした。また、おふくろたちは川を汚したりすることをとても厳しく戒めておりました。川に小便したらだめだとか、ミミズに小便かけたらだめだとか、一人でいつまでも泳いでいると河童に引かれるぞとかいって、しょっちゅう口やかましくいっておりました。ご承知のようにミミズは土つくりの主役、生態系の循環の出発点、つまり生命の原点ということで感謝の気持ちを表していたのです。また、胸の内に河童を置くことによって水難を逃れる知恵を授けていました。

そういうことで、いつもきれいな水環境、豊かな水環境が維持されてきておったわけです。使った水の捨て方に、とても気を遣っておったわけですね。それは、わたしたちの祖先が自分たち人間も自然界の一員、その自然は水の循環によってはじめて存在しているんだと言うことをよく知っておって、捨てた水はまた自分たちの口に戻ってくる、水は循環しているということを、肌で理解していたからこそです。

失われた水の思想と文化

ところが、昭和二十年代の後半になりますと、溜めは非衛生的だとか、水神際や川祭りは非科学的だといって、溜めは埋め立ててしまい、祭りもだんだんとすたれていきました。

九州では昭和二十八（一九五三）年に西日本大水害がありました。筑紫平野が水没したわけです。それを契機に、下流の農漁村のほうに上水道や簡易水道が敷設されます。それが完成しますと、一〇〇パーセント近く自家処理をしておった排水を、今度はたった二、三年で一〇〇パーセント近く垂れ流すようになってしまいました。で、たちまち、今まで自分たちの暮らしを支えてきておった小川や、あるいは堀割が汚れてしまったわけです。そのとき何といいましたでしょうか。川が汚れたのは下水道がないからだ、下水道の普及率は文化のバロメーターだといいました。下水道がなかった頃は、じゃあ、汚かったでしょうか。きれいでしたね。みんな一人ひとりが責任を果たしていたからこそ、きれいだったわけです。

昭和三十年代の後半になりますと、議会のたびごとに下水道の問題が取り上げられておりました。都会ではどんどん大型の下水道が敷設されていきました。昭和三十九（一九六四）年になりますと、東京オリンピックの年でしたが、ちょうどその年は大渇水の年でした。東京都の水道局が都民に節水キャンペーンで、「水は天からのもらい水ではありません、水はつくられるものです」といって呼びかけたものですから、水道協会誌なんかが、いつも「水をつくる」、水は天からのもらい水ではありません、というようになってしまいました。

最近、何といっておりますでしょうか。「水は有限な資源」だとかいってますね。いったい水は有限な資源でしょうか。これは人間を中心に考えるから水が資源であって、本当はそうじゃありません。水があって初めて人間が存在しております。水は命の水です。都会では下水道が普及されていきましたけれど、その結果どんなになったかといいますと、かつてその普及率をもって文化生活のバロメーターとしていた水道の蛇口から出てくる水がまずくなってしまい、蛇口に浄水器まで付けなければならなくなっております。そして、都市から水分がだんだん消えて、ほんとに無味乾燥した町になってしまいました。川の上流へ、上流へと、ダムをどんどん作って水を引いてきますけれど、下水管で以って生活圏から外にどんどん捨てていくものですから、これはイタチごっこで、どれだけダムを作っても足りません。それで、有限な資源とかいっています。自分の領域だけでは足らなくなると、今度は遠くへ、分水嶺を越えたほかの領域からまでも、他人の住み家を奪ってダムを作って水を引いてきました。しかし、解決しません。ここらあたりで、ほんとにいままでのような暮らしの仕方を改めていかないといけません。

よく、以前は日本は水に恵まれた国だとかいっておりましたけれど、はたしてもともとから自然のままで恵まれていたのでしょうか。確かに年間降水量は世界平均の二倍もあります。しかし、その雨を受け止める国土は、非常に狭くて細長く急峻です。その狭い国土でひしめく人口を養っていますので、人

汚濁荒廃した堀（昭和 52［1977］年）

口一人あたりにすると、雨量は世界平均の五分の一ほどです。そのうえ雨の降り方をみると、表日本では梅雨や台風時に集中して降ります。また地域的にも雨量は相当に異なります。全くの自然のままだと、急峻な国土に一度にドカッと降って、サッと流れ下り、大暴れをして洪水を引き起こしてしまいます。その雨水を日本人の祖先たちは、可能な限り国土につなぎとめ、なだめて洪水を防ぎ、日照りに備えてきました。日本の国土が水に恵まれた豊かな国土であるのは、祖先たちの長い間の営為の結果だとわたしはとらえております。

そういうふうにして、ずっと二千年かかって水に恵まれた日本の国土がつくられてきましたけれど、このことも忘れ、コンクリートで小川や水路、川を固めて降った雨はサッと流れるようにしてしまったわけですね。先人たちが少ない水を有効に使うために、または下流の洪水を弱めるために、色々努力、苦心してきた水コントロールの技術をみんな忘れ去ってしまったわけです。

いま、このことは全国民的に反省がなされております。ほんとは、もともとから恵まれておったわけではございません。

住民を支えた堀割

わたしが生まれて育ちました筑紫平野は、現在は水郷といわれております。柳川市は「水郷柳川」で通っておりますけれども、ここもやっぱり同じようにもともとから水に恵まれておったところではありません。もともとは大変な低湿地で、悪い水はしょっちゅうかぶるわけですけれど、いい水（必要な水）には恵まれていなかったところです。

地球にはいわゆる海進・海退があります。いまから五〇〇〇年ほど前に縄文海進が停まって、その後弥生時代にかけて今度は逆に海退があっております。その海退でもって陸化したのが、現在の筑紫平野のほとんどです。現在、九州一の大平野、筑紫平野のあります有明海北部沿海一帯は、いまから五千年程前までは有明海の海底でした。その有明海に九州一の大河、筑後川が九州山地から大量の土砂や火山灰を運びこむわけです。有明海は日本一干満の差が大きい海で、湾の奥部では、一年中で一番潮が満ちたときと一番引いたときの差は、六・五メートルほどにも達します。いったん筑後川が運んできた土砂が、その有明海の激しい潮汐流で行きつ戻りつを繰り返しながら、特有の泥海を作り出すわけです。その泥が沈積してできたのが、筑紫平野です。

いわゆる干潟ですね。非常に粒子が小さくて、水分をたくさん含んだ粘土層です。有明粘土層と呼んでおります。大部分が弥生時代までに陸化したわけですけれど、陸化しますと、海に面したところ、あるいは川に面したところでは、川や海の営みで自然堤防が形成されていきます。いわゆる微高地が形成されます。その微高地の上には弥生時代から人が住みついたことが、弥生の住居跡や土器の出土によって明らかになっているわけです。しかし、その自然堤防の後ろ側は後背湿地です。わたしが生まれて育ったところの柳川市蒲生は、先ほど申しましたように、以前は三潴郡蒲池村蒲生と呼んでおりました。三潴《みずま》郡は一番最初は「水沼《みずぬま》」、時代が進んで「三沼」、それから「三潴」に変わってきております。よく、陸化の模様がうかがえるわけですね。

後背湿地の沼地でも、蒲や葦が生えてきますと、急速に陸化が進行していくものですけれども、その陸化が進行していくわずかに高い部分に、人々が足を踏み入れて住まいや耕地を拓いていくために、低いところの土を高いところに盛り上げて、あのような堀割ができていったわけです。大規模な堀割が縦横不規則にめぐっているのは、もともと大変な沼地、低湿地帯だったところだからです。ここでは、いまからおよそ八〇〇年前、鎌倉時代に開田が始まっております。

そういうことで、もともとは大変な低湿地帯で、悪い水ばかりかぶって、いい水には恵まれておりませんでした。特に、この九州一の大平野をつくってくれた筑後川は、有明海の潮がずっと久留米市の上流側まで、以前はさかのぼっておりました。現在は筑後大堰ができましたので、そこまでさかのぼっております。ですから筑後川は、自分が大平野をつくっておきながら、その平野をまかなってくれないわけです。藩政時代には、それでも淡水取水《アオトリ》という取水の方法が考案されました。これは、大潮の満潮を利用してとりますので、そういつもとれるわけではありません。微々たるものです。その微々たる量でもとらなければならないほどに、もともとは水が不足するところでした。

平野の南部を、小さな矢部川が流れております。筑後川の左岸側、つまり筑後平野では用水の大部分をこの矢部川に依存しておりました。矢部川はちょっと日照りが続きますと、上流のほうで水はとりつくされて、下流の柳川地方には全然流れてこないわけです。そんなとき、農業用水はどんなふうにするかといいますと、堀割にたまった水を反復利用するわけです。わたしが生まれて育ったところの三潴郡地方の堀割は規模が大きいものですから、一か月や二か月雨が降らなくともビクともしません。しかし、柳川の市街地から下流のほうは規模が小さいものですから、ちょっと日照りが続くと、その堀割の水もなくなってしまいます。しかし、翌朝行ってみますと、またどこかからしみ出してきて、少したまっているわけです。それを繰り返し汲み上げて、日照りをしのいでいったわけです。

水郷柳川に訪れた危機

そういうことで、もともとはとても水に恵まれていないところでした。それで、全国のどの地区の人よりも堀割や川や水と、柳川の人たちは密接につきあっておったわけです。その柳川の人たちが、昭和三十（一九五五）年を境に堀割や水路をゴミ捨て場にしてしまいました。先ほどもお話ししましたような経緯で、小さいところから次に大きいところ、一番大きいところは最後になりましたが、汚れてしまったわけです。

市役所のほうでは、厚生課の中にバキューム車を購入したり、あるいは厚生課が出ていって、環境衛生組合の結成を促進したりして、いろいろ試行錯誤をやっておりました。昭和四十三（一九六八）年からは、川下りのおこなわれている幹線城堀の浚渫をしました。これは全部で一〇キロメートル延長があります。そのうちの内堀、外堀あわせて六キロメートルほどを川下りに使っております。現在は外堀はほとんど使っておりませんけれど、いちおうコースになっております。それを四十三年から三か年計画で大々的に浚渫をやりました。いったんは城堀はきれいになったかに見えましたけど、昭和四十九（一九七四）年頃にはまた元の木阿弥、完全に汚れてしまったわけです。辻町という町の一番中心のところも、橋の欄干の高さよりも高く粗大ゴミが捨てられるという状態になっておりました。そして、内堀コースでは再び船が通れなくなって、外堀コースを、ホテイアオイをかきわけ難渋しながら川下りを続けておったわけです。

そこで、昭和五十（一九七五）年に環境課が設置されます。その環境課が、今までみたいに堀割や水路とかかわっているそれぞれの課が、自分の用途だけでバラバラにかかわっていたんでは川の再生はありえない。管理体制を一元化して取り組むべきではないかということで、水路や堀割とかかわっている建設課や商工観光課、農政課、そんなところに呼びかけて水路関連課長会議をもつわけです。もちろん、人事課、庶務課、企画財政課の管理三課とか四役も入っているわけですね。総勢一五〜一六名ぐらいのメンバーです。

そこで一年半ほどにわたって、いろいろと対策が検討されるわけですけれども、最終的には、四十三（一九六八）年から大々的に取り組んで、たちまちだめになるようでは、もうどうしようもない。よその町では汚れてしまった中小水路などはとっくの昔に埋め立てているじゃないか。しかし、柳川の城堀は下流の農業用水の重要な貯水池であり、観光川下りのコースでもある。これはなんとしても死守しなければならない。そのためにも、汚れてしまった中小水路は整理すべきだということになって、都市下水路計画が決定されます。

荒廃した堀

市街地の中の城堀を除いた商店街の中の幹線、それから漁師町の幹線、それぞれ二本ずつ、合計四本、延長が五五〇〇メートルですけれど、それを建設省の補助事業で都市下水路にする。のこりの中小水路は全部埋め立てて、まん中にコンクリート製のU字溝を設置する。その設置費用は、埋め立ててできた土地、両岸の土地を両岸の人たちに売却した代金でみるという計画でした。

昭和五十二（一九七七）年の四月一日から環境課の中に新しく都市下水路係が設置されることになったわけです。通常、下水道の仕事は土木サイド、あるいは都市計画サイドでやっておりますけれど、環境課長が呼びかけたものですから、言い出しっぺで、それが環境課長に押し付けられたわけです。わたしはそのことは後で知ったわけです。それまではずっと水道関係の仕事をしておりました。

出向の内示を受けてびっくりして、自分は今まで水道の建設をしてきたから、これからはその建設してきた水道を維持管理していくことが自分の役所人生だといって、断り続けておりました。二週間ほど粘っておりましたけれど、自分が担当者にならなかったら確実に柳川の町から堀割がなくなって柳川が亡びると思いましたし、友人の「新しい部署に行けば新しい人生が開ける」という言葉で担当者になることを決意しました。そして四月一一日に辞令を戴いたんです。

柳川に欠かせない堀割の機能

柳川ははじめに町があって、その町の人たちの暮らしのために水路や堀割を掘り割ったわけではないですね。人が住めないような低湿地を、堀割を掘り割り、水路を引いて町を築いたわけです。その堀割が町の人たちの暮らしや生産を支えてきたわけです。わたしたちの体が、水によって養われているのと同じように、町が先ではありません。堀割が先です。堀割によって町が養われているわけです。その堀割を埋めるということは歴史と断絶してしまうことになる、汚れたから埋め立てる、蓋をすることは、汚濁や破壊にまかせてしまうことになります。堀割の持っている機能、役割、これは柳川にとって絶対に欠かせません。私は幸い、日本一規模の大きい堀割の中で暮らしてきたことと、水道の仕事をやっておりましたので、よく土地の生理を知っておりました。それで堀割の機能、役割をすぐ考えたわけです。

堀割はこの平野にとって欠かすことのできない大切な機能を果していています。秋、一面の田圃が黄金色に染まるころ、平野全体の堀の水を落とします。すると田圃がからからに乾いて稲の取入れがたやすくなり、裏作にじゃがいも、たまねぎ、小麦、大麦などを耕作することが可能になるわけです。翌年の四月になると新たな稲作に備えて平野全体の堀割に水を満たします。この繰り返しはこの平野に人が住み着いて以来ずうっと変わっておりません。これから先、わたしたちの科学文明がどんなに進んでも、この繰り返しが変わることは絶対にありえません。堀割はこの平野の基盤なのです。

次に**遊水機能**です。まったくの平坦地、海岸地区では〇メートルですね。大潮の満潮のときは海面のほうが四メートルぐらい高くなります。そのとき、いくら大雨が降っても水は上流にも下流にも流れていきません。右にも左にも流れていきません。ジワジワと水位が上がってくるだけです。潮が引いてからはじめて、川が流れる。水を遊ばせて洪水を防ぐ機能を、遊水機能と呼んでおりますけれど、この遊水機能が一番大切な機能です。次には、もともと大平野をつくってくれた筑後川の水が使えないものですから、水は不足します。堀割に水がたまっておれば、それを反復利用できます。**貯水機能**ですね。もう一つあります。**地盤沈下を防ぐ機能**です。対岸の佐賀県白石町や福富町では、昭和三十（一九五五）年頃からどんどん大型の井戸を掘って農業用水に地下水を汲みあげました。ここは堀割が非常に規模が小さくて少ないところです。昭和三十年ごろ、西ドイツからわが国に水中モーターポンプが入ってきました。それが入ってくるまでは、ボアホールポンプや渦巻きポンプで地下水を汲みあげておりましたので、深い水位では汲めないわけですね。渦巻きポンプですと、せいぜい地表面から七メートルぐらいの水位までしか汲めません。ボアホールポンプはもっと下まで汲めますけど、あまり下からは汲めません。ところが水中モーターポンプですと、パイプと電線を長く延ばし、モーターの馬力をアップしてポンプのはね車を何段も重ねますと、一〇〇メートル下からでも楽々と汲めるわけです。まさに文明の利器です。

それで大型の井戸を掘って、水中モーターポンプでどんどん汲みあげたわけです。もちろん、これは全部農林省の補助事業でやったわけです。たちまち地盤が沈下して、だめになってしまいました。〇メートル地帯が、また下がったわけです。堀割は、水が一杯たまっているときには、たえず地下水を涵養しております。地下水を養っております。日照りが長く続くと、堀割の水はなくなってしまいますけれど、すると、今度は逆に地下水が堀割にしみ出してくるわけです。そのしみ出した水を反復利用するということで、地下水の汲みあげを最小限に抑える。つまり、直接、間接に地盤沈下を防いでいるわけです。

この三つの機能は、柳川地方にとって、筑紫平野にとっては絶対欠かせないわけですね（堀の三大機能についいては本書の次章に詳述)。いまは荒廃して住民の生活環境を阻害しているけれど、浄化再生すれば、再び以前みたいにきれいな水環境が町の暮らしの中によみがえってくる。昭和四十三（一九六八）年から大々的に取り組んで失敗したのは、これは住民の理解と協力、参加を仰がずに、行政が一方的に取り組んだからです。本当は、堀割を掘り割ったそのときから、住民による維持管理の努力は当然の必要事として、いつまでも続けていかなければならないことです。堀割の水を使い、堀割に育まれてきたその人たちが汚したんだから、その人たちに再生という土俵に上がっていただかなければならなかったわけです。それをやらなかったために、たった数年で大金をかけて浚渫した堀割が、元の木阿弥になったわけです。

五六〇〇万円使っております。五六〇〇万といえば、（この講演を今おこなっている大阪府）高槻市にとっては微々たるものかも分かりませんけれど、柳川市は大変規模の小さい町ですので、大変な金額です。当時はオイル・ショック前のことで、柳川市の昭和四十三（一九六八）年度の一般会計の予算規模が決算で一〇億一〇〇〇万円のときです。年間予算の五パーセント以上使って浚渫したわけですね。それでも元の木阿弥になった。住民の理解と協力を取り付けずに、市役所が業者に請け負わせて浚渫したものですから、住民の目から見たら、われわれの税金を使ってまた市役所が観光のために、川下りコースとか城堀を浚渫しているという風に見えたに違いありません。

市長に直訴

再生をさせようと決意してすぐ、再生のためには川の沿岸に住んでおられる住民の方の理解と協力、参加を取り付けなければならない、それを取り付けることができるかどうかが、浄化を達成できるかできないかの分かれ道だということで、住民の理解と協力を取り付けることをベースにして、再生に取り組んでいったわけです。

わたしが辞令を戴いて環境課に行ったときには、もう建設省の補助事業採択も決まり、コンサルタン

ト も 決定して、「日本上下水道」のチーフの方が三、四人部下を連れて見えておられました。県の公園下水道課の担当者も、毎日通ってきておられたわけです。そんなことで歩み出しておって、もうどうしようもないような状態であったのですけれど、柳川にとって堀割は命だということが自分でよく分かっていたものですから、なんとしても再生させようということで、行動を起こしていったわけです。

最初は堀割の機能や役割をどんどん文章にして、コピーして配っておりました。どうしてもみんな聞いてくれないし、聞こうともしないものですから、書いて配ったわけです。それでもほとんどの人が取り合ってくれません。コンサルタントや県の人をあまり長く待たしているわけにもいかないものですから、とうとう市長のところに駆け込んだわけです。そして、半年間の猶予期間をもらい、その間に再生案をつくることを約束しました。それから、堀割の機能や役割、再生の必要性、なぜ堀割が作られたかという歴史的な背景とか、たくさんの書いたのを纏めて理論化、体系化して、「郷土の川に清流を取り戻そう」という冊子にしました。それを次々に増刷して五〇〇部ほど、市役所の内部とか青年会議所の方、あるいは町会長さんなんかに配りました。そしてそれをベースにして、十一月の終わりには河川浄化計画を立案しました。計画は住民の理解と協力を取りつけて、住民参加できれいにすることが一本の柱です。その次に、できるだけ汚水の流入を抑止しようということです。そして三番目が一番大事なことですけれども、きちんとした維持管理のシステムを作って住民参加で維持管理をしていこうということです。この三本の柱で浄化計画を組み立てたわけです。この計画案が一二月に水路関連課長会議と市議会の全員協議会で、正式に承認されたわけです。

そして、翌五十三（一九七八）年三月の議会で五か年の事業継続費が設定されました。議会が議決してくれたわけです。同時に、副議長さんが委員長になられて、一〇人のメンバーで河川対策調査特別委員会が設けられました。実は、この二つのことが後で市長が代わってから大きくものを言うわけです。市長が代わると、たちまち（下水路推進派の）巻き返しが始まりますけれど、議会がバックアップしてくれたものですから、細々とではあったのですけれども、ずっと事業を続けていくことができました。柳川の堀割を埋め立てから守ることに大きな力となったわけです。

地域と水のかかわりから掘り起こす

柳川には、全部で四七〇キロメートルの堀割や水路や川があります。面積は三八平方キロメートル、人口四万五千余のまちです。市街地が東西二キロメートル、南北二キロメートルで、約四平方キロメートルあって、その中に二万人の人たちが暮らしております。その中に堀割や水路や、川が六〇キロメートルあります。その六〇キロメートルのうち二七キロメートル近くが完全に埋没しておりました。飲料水を取っていた水路がゴミ捨て場になり、不法建築物が五六か所ありました。そのために、ちょっとした夕立ぐらいで床下浸水する個所が七〜八か所から一〇か所にのぼっていたわけです。ある場所では市街地の中にわずかに残っている農地の真中の堀割が、ほとんど水田の高さまでヘドロ化していました。農村部でも、青い水面はほとんど見えなくなっておりました。またもともと広かった堀割を、どちらが先

住民との話し合い（昭和 54［1979］年 12 月）

に埋め始めたのか分かりませんけれど、むこうが埋めるならこっちも埋めなきゃ損ということで、どんどん競争して埋めたんでしょう。幅が一メートルぐらいしか残っていない場所もありました。

昭和五十三（一九七八）年の四月一日から事業に着手しましたが、先ず浸水が発生している地区からはじめようと考えたわけです。観光川下りコースからやれば、これは住民の共感が得られませんですね。商店街の裏や住宅地の中の、埋没した小さな水路から意識的に取り組んでいったわけです。最初申し上げましたように、わたしがそれまでの人生の中で一番すばらしかったと思うことは、堀割の中で魚をとったりして暮らしてきたことです。住民のほうも、同じ条件にあるわけで、あんなにきれいになったらいいなという願いが、どこか心のすみっこにでも潜在しているんじゃなかろうか、その願いに火を灯してまわろうということで、住民懇談会をやろうと考えました。もちろん、それまでにはいろんなことをやりました。直接住民の方と、町内に出て行って話し合うということで、住民懇談会をやることにしたわけです。長くなりますので、そのことは詳しくは申し上げませんが、いろいろなことをたくさんやってきました。しかし、一朝一夕にしては成果が上がらないわけですね。

住民懇談会の前段として、市街地の中に三つ、小学校の校区がありますが、その三つの校区の区長さんたち（柳川では町会長さんを区長と呼んでおります）に市役所に集まっていただきました。商店街の校区では、環境衛生組合も結成されておりましたので、その役員さんもご一緒に集まっていただいたんです。そこで、川がきれいだった頃の思い出話をずっとやっていくわけです。次に、川や堀割の機能、役割を説明したわけです。

最後に、「汚れてしまった中小水路は、昨年の四月一日から埋め立て計画がスタートするようになっていたけど、いま説明した通り、柳川にとって堀割は命だということがハッキリしたので、あの計画はもう破棄しました。代わって浄化計画、再生計画を作っております。これを四月一日から進めていくことにしています。今日、集まっていただいたのは、皆さん方の理解と協力をお願いするためです」といって切り出しますと、区長さんたちですから、すぐ理解されて、「そうだ、それが本筋だ」と、拍手で協力の確認がなされました。その次にはそれを小学校の校区ごとに、農村部までやって回ったわけです。

不可欠な住民の理解と参加

そして、いよいよ四月一日から浚渫の実務に入るわけですけれど、先ず浸水が一番ひどい地区、その水系の区長さんたちに集まってもらって作戦会議をやりました。区長さんに、従来は案内状を配布する場合は、枚数を数えて班長さんや隣組長さんに「ご苦労さん」といって渡されておられただろうけれど、今度はそれではだめです。あなたがあなたの町内を一戸一戸回って、大事な話し合いをするんだから、ぜひ参加してくれと、その家の責任のある人に了解を取り付けて、同時にこの案内状を渡してください、とお願いしたわけです。

その頃、小学校の校区ごとに市政懇談会がおこなわれておりました。四役と各課長がほとんど出席していましたので、多いときは市役所側が三〇名ぐらいいきます。ところが、住民側は区長さんとか婦人会長さんとかで、一般の住民はパラパラときておられるだけで、役所側が多いか、住民側が多いか分からない程度でした。ですから、人を集めることから気を遣っていったわけです。懇談会は町内ごとに回るわけですけれど、区長さんたちの協力のお陰で、市役所側は二、三名ですが、ほとんどの会場が一杯になりました。

町内懇談会はほとんど夜です。冬ですと、七時半ぐらいから、夏は集まりが遅いものですから、八時半ぐらいから始めるわけです。そこでも、やはり堀割がきれいだった頃の思い出話から入っていきました。「あそこは深くて、大きな鯉がいっぱいいた」とか、「朝起きると、まず裏の汲み場に出てから飲料水を汲みためて、次に顔を洗って一日の暮らしが始まっていた」とか、そんな話が和気あいあいのうちに出てきます。座が盛り上がったところで、川や堀割の機能や役割を説明し出しますと、「もう今は水道が普及してしまったから、川の水は飲まないので川はきれいにせんでもいい」とか「市街地の中から農地が減ってしまったから堀割はいらない」という意見があっちこっちから出てくるわけです。

そこですかさず、じゃあ、水道の水はどこから来ていると思いますか、水道の水も元は川の水ですよ、市街地の中から水田が消えてなくなればなくなるほど、堀割の水の遊び場としての機能が重要になります。水田だったときには、満潮のときに雨が降っても、水田がその雨水をくわえ込んで遊ばしてくれるから洪水にならないけれど、逆に水田が宅地化すると、新たな洪水の発生源になります。いまでさえ、もういたるところで堀割が埋没しておるので、ちょっとした夕立ぐらいで七、八か所も浸水する地区があるじゃないですか、と説明をしますと、やはり長くその土地で暮らしておられるから理解が早いわけですね。

理解が深まったところで、「実は汚れてしまった中小水路は云々」と始めるわけです。「今日集まっていただいたのは、みなさん方の理解と協力をお願いするためなんです。四十三年から取り組んで失敗したのは、みなさん方の理解と協力を仰がずに、市役所が一方的に業者に請け負わせてやったからだ、今度はみなさん方と一緒になって取り組めば必ず成功します。みなさん方も自分たちの手できれいにしたら、もう汚さないでしょう」と話しますと、それまで盛り上がっていた座がしらけてしまいます。その

河川浄化のための現地見学会

ときはずいぶん神経を消耗しました。

しかし、たくさん集まっておられる中からは、ほとんどの会場で何人かは「いまの話を聞いていると埋め立てるわけにはいかないということがよく分かった、このままではどうしようもないじゃないか、やろう」という意見を出していただけるわけです。それで、わたしの隣に座っておられる区長さんが「どうですか」と声をかけられますと、拍手で協力の確認がなされます。その後、住民の方といっしょになって話し合いながら、住民の方が浚渫作業にどんな風にかかわるかとか、細かい日程なんかも取り決めて、住民参加で全部直営で浚渫を進めていったわけです。

最初からうまい具合にいったかというと、決してそうではありません。一番最初に取り組んだ鬼童町《おにどうまち》というところでは、七回、懇談会や役

住民による不法建築物の撤去

住民と行政の協働作業（昭和 53［1978］年）

行政と住民の協働

員会、現地見学会をやりました。二回目のところも、三回目のところも、六回ずつやりました。しかし、一本、水路が流れかかりますと、ずっと協力の輪が広がっていったわけです。

たくさんの不法建築物があるような町内では、懇談会の中で、川や堀割の連続性を回復させることは再生のための絶対的な条件だと強調すると同時に、現地見学会をセットして、役員会を設置しました。現地見学会というのは、日曜日に町内が連れ立って、その町内にある堀割や川をみて歩くわけです。細工町というところでは、わたしたちが懇談会を終わって帰るとき、区長さんが「役所が帰った後、しばらく町内の方は残っておいてくれ」と切り出されて、次に現場にいったときには、もう跡形もなく不法建築物が撤去されておった

再生なった堀（昭和 54［1979］年）

わけです。

商店街の裏なんかは足の踏み場もないし、浚渫土砂捨て場も貸してもらえない。住民の理解と協力を取り付けるためには膨大な時間とエネルギーが必要だということで、最初のうちは遠い道のりに思えて不安でなりませんでしたけれど、とにかく一本だけ流れるようにしようということで、作業を試行錯誤しながら始めました。

当初の計画は、二七キロメートルで約七万立方メートルほどヘドロが出る予定になっておりました。県立病院がある筑紫町というところの田を、公共下水道の処理場の用地にするということで一・四ヘクタールほどの買収交渉をやっておったんです。当座は、そこを浚渫土砂捨て場にしようということです。後一歩のところで折り合いがつかずに、タイムリミットになりましたので、途中で借地に切り替えましたところ、ますますこじれるわけですね。当時、海岸に不燃物処理場を開設したばかりでしたので、さしあたってそこにもっていくことにして、一本だけ流れるようにしようということで、人海戦術で取り組んで、町内会の人たちが三～四メートルおきに並んで、ヘドロをスコップでかき出す作業を始めたわけです。男性の元気のある方はダバ（ゴム製長靴の胸まである作業着）を着て泥を上げるのにはいってもらって、年配の方は上で手伝いしてもらいました。女性の方は、区長さんの自宅で炊き出しです。

広がった協力の輪

一本目が流れかかったとき、用地買収のお世話をされておった農業委員の方が、そこの現場を通りかかられたんです。「ここは自分が矢苗小学校に通っていた頃流れていたのを覚えているけれど、それ以来のことだ。あんたたちが本気で柳川の川を流れるようにするんだったら、わしももう一丁胆入れてみよう」といって、自転車にまたがられました。その方と入れ替わりに、その地区の雇われお坊さんをしておられた方で市役所のすぐ隣の新外町というところの区長さんが自転車から飛び降りられて、「あらー、ほんとに流れるようになってるですね。広松さん、あんたから相談を受けていた土地は、実は他人に貸している。いまから取り返してくるから使ってくれ」とおっしゃられたんです。

実は、その区長さんは市議会の建設委員長さんと義理の兄弟で、わたしは水道におったものですから、

住民と行政の協働作業（昭和55［1980］年）

議会の所管が建設委員会なんです。その委員長さんと懇意にしておったものですから、その委員長さんを通したり、わたしの自宅の隣の町内ですので、夜、しょっちゅう出て行って、ぜひ貸してくれ、貸してくれと、一ヶ月ぐらい粘っておって、全然取り合ってくれなかったんです。その人が流れかけているのをみてから、喜んで取り返して貸してくれた。二人で四か所借りてもらったり貸していただきました。後で三本、四本流れかかりましたら、次々に協力の輪が広がっていって、市街地の中に将来宅地化を予定している農地や空き地を無償で、大小あわせて二一か所、町内会から提供がありました。

五か月ほど過ぎた七月の終わりに、ジェットホースというのを考案します。これは隣の佐賀県の佐賀市、ここは県庁所在地ですが、

住民による一斉清掃（昭和55［1980］年）

この街が柳川の街と同じつくりなんです。通りがあって町屋がはりついて、その裏側が水路です。従って、柳川の街は、道路の延長と水路の延長が同じです。この佐賀の町は、昭和四十七（一九七二）年の大水害で水没しました。佐賀県庁の前のお堀の鯉が、町の中を悠々と泳いで回ったりしていたのが、そのときテレビでよく放映されておりました。佐賀の町では四十八年から、河川浄化がスタートするわけです。

先輩なものですから、勉強にいったわけです。いきましたところ、むこうでは柳川で水落ちに相当するのを川干《かわひ》と呼んでおります。ちょうど川干のときに行きましたところ、舟底ダンプというのを見せていただいたわけです。普通のダンプですと、後ろのドアのところからヘドロが漏って街を汚すわけですね。

河川浄化活動（昭和56［1981］年4月）

警察からしょっちゅう叱られていました。ところが舟底ダンプは、横も舟底みたいになってますけど、後ろも上がっているわけです。ヘドロが漏りません。これはいいものをつくってありますね、ということで、まねて柳川も注文して作っておりました。

七月の終わりに、自動車会社の社長さんから電話があって、車が出来上がったから見にこいということでしたので見に行きましたところ、赤い大きなポンプがごろごろ転がっているわけです。それを何とか使えないかなと思案していたところ、社長さんがしびれを切らして歩いてきて、「何かに使うんなら、立派に回るから持っていけ」とおっしゃるわけです。それを借りてきて、試行錯誤した上で、ジェットホースを考案しました。

佐賀のリース会社から大きなディーゼル発電機を借りてきて、大きな川からパーチカルポンプで大量に水を流し込んで可搬式の消防ポンプを海苔の箱舟

住民による一斉清掃（昭和 56［1981］年）

にのせてやり始めたわけです。うまいこといかないものですから、箱舟をやめにしてポンプを陸に上げ、ホースをつないで、わたしがホースの先を握ってやりました。反動で後ろに飛ばされるものですから、後ろから係の若い連中三〜四人に支えさせました。これはうまい具合にいきましたが、翌朝起きるときに、日ごろ力を入れないところに力を入れるものですから、体が全然動きませんでした。起き上がるのに一〇分ぐらいかかりました。それでも三日ほどやっておりました。必要は発明の母とか父とかいう言葉がありますけれど（笑）、上におった若い職員が、前からロープで引っ張ってみようというわけです。引っ張ってみたら、うまい具合にいきました。

これを考案してからは、町内会の方は最初の日曜日だけ全員出ていただいて、荒ゴミをとったり、草を刈ったりしていただくだけになりました。翌日からは区長さんたちと、当番の方が四~五名ずつ来てから手伝って下さいます。区長さんが「お宅のところに近づいているから、洗濯物は取り込んで下さい」とか、しぶきがかかるのものですから、汚れたらだめなものは片付けて下さいとか、ずっと案内してもらうわけです。後の四~五人の方は、ロープを引っ張ってもらいました。

他人に貸していた土地を取り返して貸して下さった泥捨て場は、川下りコースの横にあります。観光関係の方から、「おまえは一体常識があるのか。そんなのは海岸のほうに持っていけ、ヘドロをそんなところに置くのは非常識だ」と言われました。「じゃ、あなたがそういっているとと海岸の人たちに話していいですか」と言いましたら、「それはだめだ」とおっしゃるわけです。自分のところで垂れ流した泥を他人のところに持っていくようでは、川はきれいになりません。「そんなことがまかり通るようでは、この国の行く末は見えてますよ」と言いましたら反論はありませんでした。しかし、現在でも無言の抵抗が続いております。

住民の方の理解と協力が得られたことと、ジェットホースを考案したことで、浚渫作業がトントン拍子にはかどって、当初五年がかりで予定しておりました二七キロメートル近くが、一年半で目鼻がつきました。途中で一〇キロメートル近く延ばして、三年二か月で浚渫を終わったわけです。ところが、もうすでにそのときに幹線水路が二本、一番大きな幹線水路と、その次に規模の大きいのが一本、一か所は完全に埋め立てられて、中に小さな暗渠が入って、商店街の駐車場になっております。もう一か所も埋め立てられて、その上にはガソリンスタンド、集会所、駐車場が作られておりました。

そういうところは、もう浚渫してもだめです。ちょうど心臓から出ている大動脈が途切れているのと同じですね。浚渫してもすぐ汚れてしまいます。その他に中小水路が全部で六本、これも不法に埋め立てられたのを払い下げているわけです。いたるところで血管が切れてるわけですね。そういうところは、年に一か所ずつ、大きい川からポンプアップの工事を進めております。

水環境の再生——水とのつきあい再開

住民の理解と協力のお陰で大きな成果が得られましたが、ただ残念なことにわたしが生まれて育った蒲池というところは、今が一番悪いです。規模が大きかったものですから、なかなか汚れなかったわけですね。市街地の中の中小水路や下流の漁村部の大集落の中は、昭和三十二（一九五七）〜三十三年にはもうだめになっておりました。ところが、わたしが生まれて育ったところの蒲池の堀割は、昭和五十（一九七五）年までは、何とか川らしく格好がついていたわけです。恵まれた規模の大きいところがいったん汚れてしまうと、なかなか回復は困難です。ですから、琵琶湖なんかは汚そうと思ってもなかなか汚れませんが、しかし、いったん汚れてしまえば、元に返すのには大変な努力と長い時間が必要になってきます。それは柳川で実証済です。

浚渫を始めた当時は、町中では五月の終わりごろから七月にかけて、蚊が風も通さないくらい網戸にびっしりと張り付いている状況がありました。昭和四十五（一九七〇）年頃から、例の歩行者天国、土曜

再生なった堀（昭和 55［1980］年）

夜市が柳川でも始まりますけれども、それに子どもを抱っこしていきますと、蚊に食われにいくようなものだったです。マスコミはいつも柳川のことを、その季節になると「ブーン蚊都市（文化都市）」と書いて嘲っていたわけです（笑）。

柳川の町は、堀割を浚渫して水が流れかかっただけで、ちょっとしたいい空間がたくさんできました。市役所の南側では八〇〇メートル整備しました。国土庁が三全総にもとづいて地方都市整備パイロット事業というのを昭和五十三（一九七八）年度に打ち出しました。その第一弾で、昭和五十四年度から伝統的文化都市環境保存地区整備事業というのを始めていきます。その初年度に、柳川と島根県津和野、大分県竹田が指定を受けました。

矢部川上・下流交流「子ども海彦山彦ものがたり」水泳（平成12［2000］年7月23日）

ちょうど堀割の再生に取り組んでおったものですから、柳川の堀割は柳川の伝統文化だという位置づけがなされて、国土庁がバックアップしてくれました。柳川の町が作られてちょうど四〇〇年になります。四〇〇年かかって形成された生活の臭いがツンと伝わってくるような景観を損なわないこと、それから堀割や水辺の生態系を壊さないこと、この二つのことをベースにして、整備の設計をしました。もちろん歴史的に引き継がれてきた水面を失わないことは、大前提にありました。設計の過程では両岸にお住まいの方や、文化財専門委員会・郷土史会と二回勉強会をやりました。

「わたしたちの川に清流を取り戻そう、川や堀はわたしたち市民全ての共有財産であります」を合言葉にして、住民参加で浚渫に取り組みましたが、城堀の沿岸の方にとって、まさに自分たちの庭になりました。日吉神社の境内には子どもたちの遊び場をつくり、開放していただきました。一番低い水遊びデッキは水没しております。今まで川に背を向けてきたけど、これからは川と向き合った生活をしていく、川とよりを戻していこうという願いを象徴する場としてつくりました。

子どもたちをこんなところで遊ばしておりますと、川の危険に対応する能力が身についていきます。わたしたちにとっては川は人間形成の修練の場だったですね。川の中で鍛えられて、心身ともに強くなって大人になりました。いわば、川は人生道場でした。プールの中で子どもたちを泳がせますと、子どもたちは全然おもしろくないわけですね。泳ぎのことだけしか分かりません。ところが、川で泳いでおりますと、たくさんの生き物がいます。魚もいます。水生植物も生えています。おのずと子どもたちに科学する目が開かれていく、心が培われていくわけです。

いま、ほとんど水際をフェンスで張っておりますけれど、これは過ちです。そんなことをずっとしておりますと、大人になっても水の危険に対応する能力が身につきません。昨年の八月、福岡県の遠賀川《おんが》で子どもが一人亡くなりました。親子と子どもの友達、三人で遠賀川に魚を釣りに行って、堰を子どもたちが二人で渡っていて、足を滑らして深いほうに流されたわけです。釣りをしていた人たちが助けに入りましたけど、一人、溺れて亡くなりました。その子どもは二十歳の男の子です。立派な成人です。ちょっと、私たちには考えられませんですね。川の中が一番安全だったです。小さいときから、野原や川や山で子どもたちを鍛えることをもう一度始めていかなければ、ずっとだめ人間を製造していくばっかりになります。

また、河川愛護に関するポスター、作文、標語募集と作品展を、昭和五十三（一九七八）年からずっと毎年続けておりますけれど、わたしが担当していた八年間の間に八回やって、一万六千点ほど応募がありました。柳川の小学生は四千名前後です。一人が小学校に入学して卒業するまでに、平均三回応募した計算になります。子どもたちですから、ポスターを描くにしろ作文を書くにしろ、家族の方と話し合って書くはずですね。このことが地域全体の意識や関心を高めていくということで、非常に大事なことじゃないでしょうか。

柳川市に八つ小学校があります。その校長先生に募集要綱を持ってお願いに参りましたけど、一人は拍手喝采して下さいました。半分近くの方、三名か四名かは、学校の予定にないのに職員会議にかけたらまた苦情が出るとかいって、少し渋られたわけです。「郷土を培ってきたのは堀割だ、それを勉強させるのはいい教育じゃないでしょうか」といって、無理やりねじ込んできました。ところが残念なことに、担任の先生が半分ぐらい握りつぶしているのが分かりました。なぜ分かったかといいますと、あるクラスは全員応募しているのに隣のクラスはゼロ、というのがあったからです（笑）。

幸い、住民の方の理解と協力を取りつけることができて、埋め立てから堀割は守られたわけですけれど、これでこの取り組みが一段落したわけではありません。やっと土俵の上にあがっていただいたばかりです。これからが本番ですね。きちんとした維持管理の仕組みを作って、住民参加で維持管理をやる。それを定着させていくということで、柳川全体で二〇〇ほど町内会があります。昭和五十五（一九八〇）

年にはそれを水系ごとに七一のブロックにまとめて、維持管理の委員会をつくっておるわけです。その委員会が事務局になって、町内会と市がタイアップしながら浚渫とか清掃とかに取り組んでおります。婦人会も校区ごとに、廃油を使った石けん作りを教えて回ったり、販売をやっていただいております。

その委員会をつくった年は、七五パーセントぐらいの地区で活動が始まりました。ところが二年目、三年目になると、ガタガタッと落ち込んでいって、またその後少しずつ盛り返してきて、今年度は八割を超す予定です。これを早く九割、あるいは九五パーセント、一〇〇パーセントに近づけていこうということで努力しているわけです。

柳川（筑後川）の上流の朝倉町には有名な三連水車があります。その下流にある二連水車と一緒に、つい先だって国の文化財に指定されました。わたしたちの研究会の仲間の方が、保存するために自分の退職金を使って、一人で「全国水車シンポジウム」を開いて保存しました。その川も人工的に掘り割ったものです。この水路が、いま農水省の直轄事業で三面張りの水路に変えられていますが、三連水車が回転しているところを見ると、本当に男性的です。われわれ日本人の祖先はなんというすばらしい科学者であっただろうか、それに比べてわれわれはなんて薄っぺらだろうかということを、先ず実感いたします。

三面張りにしてしまうと、水のない季節には水路に水が流れておりません。ただ単に干からびておりますます。沖積平野を流れている川は、川の水位が高いときは水がたえず地下にしみ込んでいって、地下水を涵養しております。逆に日照りが長く続きますと、川の水位は当然のことながら下がっていきます。そうしますと、今度は地下水が川にしみ出してきて、川を涵養するわけです。いくら長く日照が続いても、川が涸れることはありません。このことをわたしは「大地の水呼吸」と呼んでいます。三面張りにしてしまいますと、全然呼吸ができなくなってしまうわけですね。

思想のない技術、身勝手の象徴——川の三面張り、合成洗剤、地盤沈下

川の機能を話し出しますと、分かっている分だけでも三日分、四日分あります。一つだけ大事な機能を申し上げます。「三尺流れて水清し」ということわざがありますね。これこそ、まさに日本人の祖先がすばらしい科学者であったことの証明になります。陸上にはわたしたち人間をはじめ様々な生物の活動で生じた老廃物の分解が滞ったものが、たくさんあります。雨が降りますと、それが雨水といっしょになって当然のことながら川の中に流れ込むわけです。

川底、特に水際線のところにはたくさんの生き物がいます。たとえばタニシは川の掃除屋ですし、ミミズは土の掃除屋です。無数の種類の無数の個体数の生き物がいるわけです。それらの生き物にとっては、老廃物は大事な食糧なんです。それが雨水といっしょになって、川に入り込んで流れるわけです。ということは、小さな生き物が活発に活動して老廃物を分解してくれるわけです。分解されたものは新しい生命を育みます。そして、水草も生えます。ホタル、トンボ、魚、タニシ、いろんなものが育ちます。「三尺流れて水清し」とは、川の浄化力という物質循環、生態系の循環のことを言ったものです。

三面張りのコンクリートの川岸にしてしまいますと、そんな機能が全部なくなってしまいます。先ほ

筑後川中流域の堀川——農水省の直轄で進められた“ギロチン”

どの水中モーターポンプもまさに文明の利器ですけれど、地盤沈下を進行させせました。三面張り水路も、人間が自分の用途だけしか考えずにやっていくから、川の機能を果さなくさせるわけです。全く、いまわたしたちは身勝手になってしまって、正しい思想、考えを失ってしまっているのです。川の三面張りや、これからお話しします合成洗剤、地盤沈下などは、思想のない技術の産物、身勝手の象徴ですね。

いま、やっと全国的に川とのかかわりを回復していこう、よりを戻していこうという気運が高まってきましたが、三面張りの水路にはたいていフェンスも張ってあります。人と川を、ますます遠ざけてしまいます。これは行政、学者、研究者が（一番ひどいのは行政と学者ですね）、自分の分野だけでかかわるからです。そのことが、わたしたちの祖先が贈ってくれた豊かな国土を、破壊していくことにつながっているわけです。

わたしの育った蒲池の堀では、農村部ですので人家はあまりはりついてはおりませんが、渇水期には合成洗剤の中に含まれる界面活性剤の泡が消えません。これでは、わたしたちがかつて文化のバロメーターと呼んでいた水道の蛇口から出てくる水が、二一世紀に向かって飲めなくなるのは当然のことですね。柳川の街中の堀の古い石垣が壊れたものですから、橋のところで締め切って修理をしました。小さい水中モーターポンプで水を汲み出しました。泡がたち始めたので橋の下をのぞきましたところ、民家の排水がチョロチョロッと入ってきていたわけです。しばらくみていると、石垣の間からドンコ（ハゼに似た淡水魚）や小さな魚がたくさん出てきて暴れ回るわけです。ドンコは見ている間にみんな死んでしまいました。鮒は翌朝いってみたら死んでおったわけです。

去年、わたしたちの研究会の会長が大会会長になって久留米で合成洗剤研究全国大会をやりました。その中でたくさんの方が発表なさったんですけれども、大部分の方が肌が荒れるとか荒れないとか、汚れが落ちるとか落ちないとかの発表でした。合成洗剤追放運動をやっておられる方でさえそんなふうですから、わたしは悲しくなってしまいました。肌が荒れるのが嫌だったら使わなかったらいいことになります。ほんとは、そこにとどまっていたんではいけないわけです。

合成洗剤はなぜ使ったらいけないかというと、生命の原点である微生物、小さな生き物を弱らせたり殺したりしてしまうから、使ったらいけないんです。合成洗剤をずっと環境に排出し続けますと、小さい生き物がどんどん減って、川の自浄力もどんどん落ちていきます。最後は人間が住めなくなります。以前は、台所の排水を屋敷の一画を掘って溜めに落としてましたね。溜めの周りには生き物がいっぱいいたんです。いま、台所の排水が落ちていくところには、生き物がいません。ミミズなんか一匹もいないわけです。合成洗剤で全部殺されてしまっているから、いないわけですね。ずいぶん私たちは身勝手になってしまいましたけれど、もう一回、自分たちがどうして地球上に生を享けて存在しているかということを見直さなかったら、大変なことになっていきますね。

まちづくりは住民と行政の協働の作品――住民・行政が膝をまじえる

いままでお話してきましたように、みんなが不可能視し、また先輩たちが何回も取り組んで失敗しておった堀割の再生が一応なったわけですけれど、もとはといえば、住民の方に堀割がきれいだった頃のすばらしい体験があったからで、「あんなふうになったらいいなという願い」が住民にあったわけです。そこに行政が懇談会という手段でその願いに火を灯して回ったからだといえると思います。ところで、実際に取り組んでみますと、私にとって事態は予想をはるかに超えて展開していきました。

わたしは川のことで町内懇談会を開いていったわけですけれど、教育のことも、福祉のことも、税金のことも相談を受けます。そんな時、それは教育委員会に行って下さい、それは福祉事務所に行って下さいと言ったんでは、「おまえは何しに来たか」といって追い返されるのがオチです。したがって、自分

よみがえった堀

の分野以外のことも考えるようになりました。町全体のことを自ずと考えるようになるわけです。最初は、喧々諤々《けんけんがくがく》でなかなか協力は得られませんでしたけれど、一番やかましく言った人ほど、後でどんどん協力してくれるわけです。お互いひざを突き合わせて話し合ったり考えあったりしておりますと、お互いの信頼関係も深まってくる。住民の方のまちづくりへの関心とか、参加意欲も高まってくるわけです。

わたしたち行政職員が机の上だけで国の基準とかでやっておりますと、だいたい地域にあいません。みんな画一的ですから、次々に町がだめになっていきます。ところが、住民の方といっしょになって話し合ったり考えあったりしておりますと、住民の方は長くそこに住みついておられるものですから、よく地域の特性にあった考えを持っておられるわけです。従って、住民の方といっしょになって取り組んだ施策は、よくその土地にあって、個性的で、しかも総合的になっていきます。その行為そのものは民主的でもあるわけですね。一口で申しますと、行政職員が住民と直接膝をまじえて語り合い、考えあった現場からの発想と協働こそが、ほんとに優れた地域を作っていくということを、堀割の再生を通して実感したわけです。

水を慈しむ心を

わたしたちはこれまで水の循環の輪をズタズタに断ち切ってきました。これからはつながっている循環の輪は大事にして、それを太くしていく。断ち切った循環の輪はつなぎ合わせていかなければなりません。合成洗剤を使わないことも、その一つです。川さらえの共同作業を復活していくのも、あるいは川祭りや水神祭を復活していくのもその一つです。私たちも自然界の一員、その自然は水の循環によってはじめて存在していることに思いを致して、川とのつきあい、水とのつきあい、水に思いを寄せて慈しむ心を取り戻して、水の捨て方に気を遣っていく。そのことが二一世紀に向かって心配されております水問題を解決する唯一の手段だということを最期に申し上げて、終わらせていただきたいと思います。

水郷水都全国会議

時間がオーバーしておりますけれど、「水郷水都会議」のことをちょっとみなさんにお知らせしておきたいと思います。「水郷水都会議」は今回で第五回になります。これは、昭和五十九（一九八四）年に琵琶湖で世界湖沼環境会議が開かれまして、湖沼環境の現状とあるべき姿について活発な討議がなされたわけですが、そこに参加した住民団体が、湖沼などを守るため情報などの交換をおこなう集会を定期的に開いていくことを決めたわけです。そして「水郷水都全国会議」という名称で、毎年続けられております。

第五回「水郷水都全国会議」（柳川市）

一回目は宍道湖中海の淡水化問題で揺れていた松江市で開催されました。会議には、全国各地からたくさんの人たちが集まって、湖沼などの環境保全について議論し、宍道湖中海淡水化事業の見直しに大きなインパクトを与えました。この事業はご承知のとおり、国が大型プロジェクトとして進めてきておったものですけれど、中止になっております。

二回目は淡水化以降アオコの発生で問題になっている霞ヶ浦

のほとりの土浦市で、三回目は富士山の遊水の恵みで発展してきた富士市。ここは製紙の町です。富士市の中の堀割や水路や川は、一回全部だめになりました。それを住民と行政の協働で再生しましたですけど、危機意識が薄れていくと、また元の木阿弥になる。ここらでふんどしを締め直そうということで、富士市が受け持ってくれたわけです。四回目は昨年の九月、四万十川の下流に位置しております中村市で開かれたわけです。

今回が五回目になります。今回は「柳川堀割物語」の舞台となった筑後川下流、水郷の町柳川市で開催されることになりました。水と生活が同化した水郷の先人の知恵に学び、交流し、水循環の回復への道を探ろうということです。分科会を五つほど設けております。五月二七日午前中の川下りと柳川観光からはじめて、午後一時から開会行事、記念講演として「おいしい水は宝物——大野の地下水を守る実践の歩み」ということで大野市の市会議員をされています野田佳江さんが話されます。特別報告として宍道湖中海問題のその後、地下水汚染をめぐる問題、石井式水循環システムの三つを準備しております。それが終わってから懇親会をやります。

二日目は五つの分科会になり、特別分科会としては「全国の河童が柳川に大集合」というのも設けております。それぞれに柳川地方の水とのかかわり、つきあいの例を二つずつぐらい準備しております。会場では河川浄化のパネルを展示したり、合併浄化槽の展示、郷土産品の即売、有明海の魚貝類の珍味コーナーも設けます。石けんづくりの実演、水関係の書籍の販売、河川浄化・石井式水循環システムのビデオ映写、河童コーナーなどです。映画「柳川堀割物語」も終わってから上映する予定です。もし、時間の都合がつかれる方がおられましたら、ぜひ参加していただきたいと思います。

長くなりましたけれど、これで終わらせていただきます。どうも長時間、ご清聴ありがとうございました。

（一九八九年三月二一日「高槻水辺環境市民の会」講演）

柳川堀割の歴史から――水とのつきあい

広大な穀倉地帯を網の目のように走る堀、柳川城を幾重にもめぐる堀割、市内を縦横に走る水路、このような堀はいつ頃どのようにしてつくられ、どのような機能を持ち、役割を果しているのか。

風土の特殊性

宝の海・有明海は、広大な沃野をつくり続けてきました。

潮の干満の差が日本一大きな有明海には、筑紫次郎[*1]の名で親しまれている筑後川をはじめ、矢部川、嘉瀬川、六角川など大小多くの河川が流れ込み、九州山地や背振山系などから大量の土砂や火山灰などが運ばれてきます。その土砂などは河口に流れ着いたときから、有明海の激しい潮汐流[*2]で行きつ戻りつをくり返しながら、さらに小さな粒子となり、特有の泥海をつくり出していきます。

＊1　坂東太郎（利根川）、四国三郎（吉野川）と並び称される。
＊2　海水干満で起こる潮の流れ。有明海の場合、最大七ノット（時速約十三キロ）。

この泥は満潮になると沈殿し、潮汐流が始まると泥水に返っていきますが、澪筋《みおすじ》[*]から離れた流れの緩やかなところでは沈着したまま残るわけです。柳川市南部の橋本開地先などはそうしてできました。

＊　澪筋――流れの作用で底が溝状に深くなった部分。海の中の流れの強い川。

しかし、いったん沈着した泥でも潮汐などの海の営みによってかきまわされ、再び泥水になって移動します。このように沈着と再移動を繰り返しますが、海の営みの比較的小さな場所では少しずつ定着して「干潟」が形成されていくわけです。

九州山地から大量の土砂や火山灰などを運んできた筑後川は、河口からさらに沖合い一〇キロくらい澪筋が続いていますが、干潮になるとその両岸には小高い砂州[*]（後の自然堤防・微高地になる）が見られ、その後ろ側には少し低い干潟が広がっています。これは澪筋から砂、砂泥、泥の順で沈積していくためです。

＊　砂州――河川や海の沿岸部に海や河川の営みでできたわずかに高いところ。

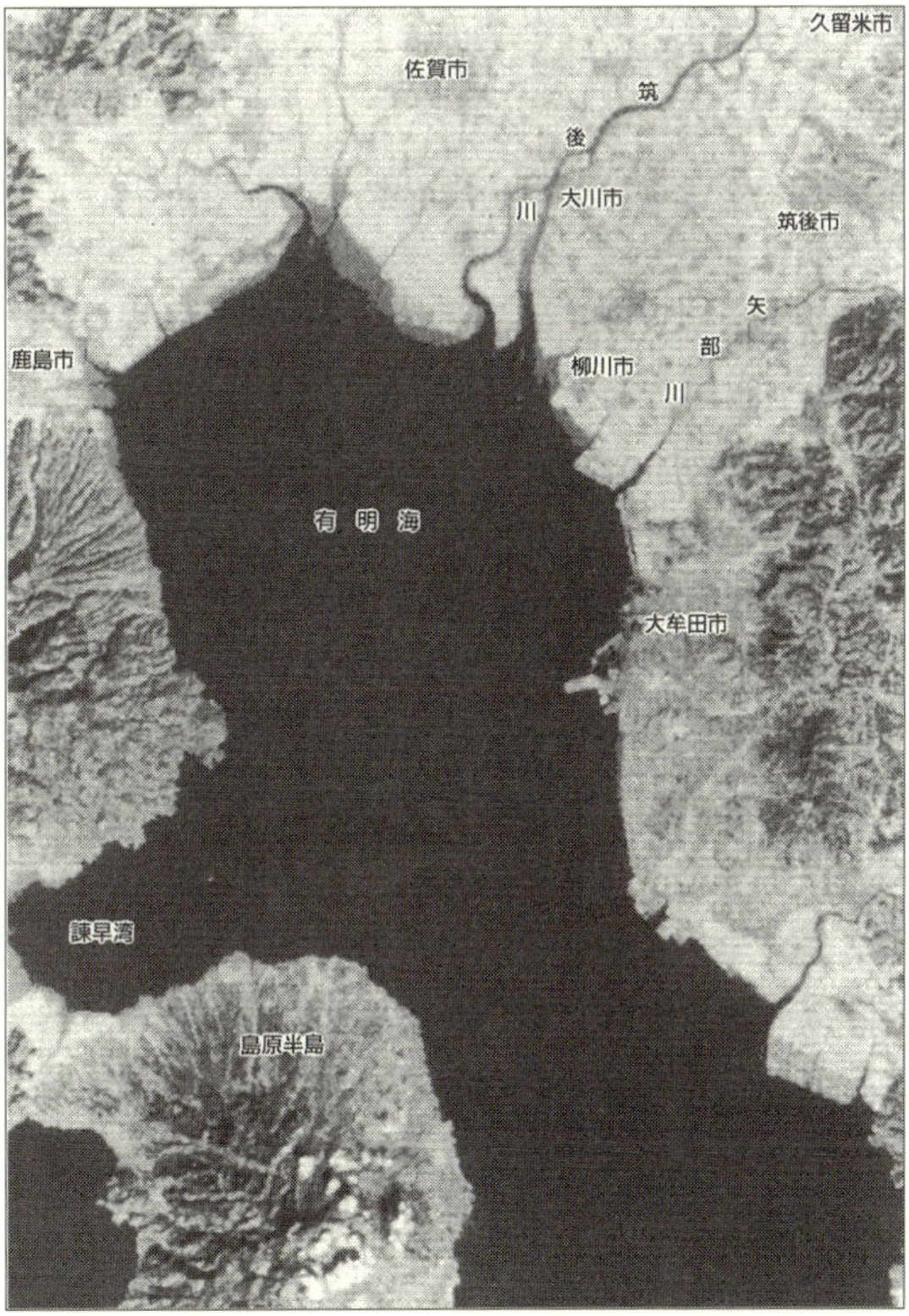

このようにして有明海は広大な低湿地をつくりあげたのです。こうしてできた低く平らな湿地帯を筑後川は、延々と流れているため下流部ではほとんど勾配がなく、潮は河口から二三キロも上流の久留米市までもさかのぼります。筑後川沿いには、久留米市安武付近から西浦池まで弥生遺跡や土器が数多く出土しますが、これはかつての澪筋沿いの砂州であり、古くから人が住んでいたことを物語るものです。

いっぽう堀の多い地帯は砂州の後ろ側の湿地（後背湿地＝自然堤防の後の湿地）であり、古くは水沼あるいは三沼と呼ばれていました。

低湿地を乾田化

有明海がつくった広大な低湿地に人が住み始めたのは、およそ二千年前の弥生時代といわれています。折から農耕文化が花開いた時代でしたが、当時この低湿地はどのような姿だったのでしょうか。有明海の沖積作用*1による干潟の発達に加えて弥生時代に起きた「海退《かいたい》*2」のため、干潟は急速に陸化したものと推定されています。

*1　沖積作用――流水によって土砂が運ばれ、堆積すること。
*2　海退――地球が寒冷化して地上の氷の量が増えて海面が低下する現象。

干潟は潮の干満とともに干出しと水没を繰り返しながら発達し、干出しの時間が長くなるとしちめんそう*、次いで葦が生え、やがていちめん葦原となり、次第に潮をかぶることも少なくなっていきます。これが自然陸化ですが、このように当時は、一面に葦が生い茂った湿原であったと思われます。

*　しちめんそう――塩生植物といわれ、塩分の濃い海水にも耐えて生える。分布は珍しく、日本では、九州の二地区に限られ、有明海（佐賀・長崎県）沿岸と北九州市から大分県北部の海岸に見られ、外国では、朝鮮半島と朝鮮半島に近い中国の海岸のみに分布する。名前の由来は「七面草」で、葉色が赤→緑→赤と変わるのを七面鳥の顔色変化になぞらえた。

この低湿地に移ってきた人々は、まず、土地の高い場所を選んで周囲を掘り、土盛りして住居を構えました。次いで耕地を求めるため、湿原に溝（堀）を掘り、その土を盛り上げて排水し、乾田をつくっていきました。この辺りは感潮地帯ですので、川の水は利用できず、溝（堀）にたまった雨水を利用して農耕を営んだのです。

このようにしてできていった堀には、やがて魚類が生息し、人々のタンパク質補給源となり、堀にたまった泥土は掘り上げては肥料とし、水路として船の運航にも利用されました。このように泥土は施肥と客土のため毎年掘りあげられ、堀はさらに広く、深くなっていきました。当時、海岸堤防も河川堤防もない湿原地帯で、しかも有明海の高潮による塩害、あるいは大雨による氾濫《はんらん》、干天による水不足など様々な悪条件の中で水と闘いながら開拓していった祖先の生活は想像以上に苦しいものであったと思われます。

そのような努力の結果、広大な低湿地は地味の肥えた平野に変わっていきましたが、そこに定住するためには、堀は必要不可欠であったのです。

城下町水路の形成

柳川の「まち」としての形成は、戦国時代、この地方の豪族であった蒲池氏が今の城内地区に城を築いて筑後数郡を支配するための拠点にしたことに始まると言われています。その後、一五八七年、立花宗茂[*1]が入城、一六〇一年には立花氏にかわって田中吉政[*2]が、入国、柳川の「まち」の原型、城下町を形作っていきました。

柳川城絵図

田中氏は、領内繁栄のため豊富な土木技術の経験を生かし、海岸堤防（本土居）[*1]の築造に着手し、有明海沿岸の開田をおこないました。[*2]筑後川、矢部川沿岸の新田開発を積極的に進めながら、いっぽうでは、筑後川、矢部川、沖端《おきのはた》川の大改修や、山ノ井川の分水工事、用水路の開削、堰の築造などの治水、利水事業も大々的におこないました。さらに城郭の建設にもとりかかり、、柳川城に本丸と五層の八ツ棟造りの天守閣を築いて、新しく幾重にも城壕を巡らし、城下のまちづくりを進めたのでした。

＊1　立花宗茂（1569-1642）——安土桃山・江戸時代初期の武将。秀吉の九州出兵で功をたて、柳川を領したが、関ケ原の合戦を契機に改易され、のち旧領を回復。柳川藩祖。
＊2　田中吉政（1548-1619）——安土桃山・江戸初期の武将。秀吉に仕え、岡崎城主となる。関が原の合戦で功をあげ、筑後国主として柳川城を居城とした。

＊1　慶長年間（1596-1615）に築造された堤防。現在の大川市から高田町までの有明海沿岸二四キロにわたる。
＊2　干拓事業——有明海の沿岸一帯の干拓は古くからおこなわれていたが、近世初頭になって本格化した。

奈良時代に施行された条里制の水路を改造して市街地の堀をつくり、現在みられるような民家の表側が道路に面し、裏側が水路に面した柳川独特の町の骨格の基礎や、矢部川から水を確保する水利体系が整えられたのです。街の中を網の目のように走る堀に、満々と水をたたえた水郷になったのもこのころからと言われています。

これらの堀や水路は、城下の生命線として、また近世以降次々と進められた干拓地の住民の生活を支える重要な役割を果してきました。現在、その大部分が昔の名残をとどめ、柳川の街に独特の風情を添えて市民にやすらぎと潤いを与えています。そして水郷柳川の名は全国に知られ、多くの観光客をひきつけているのです。

水利体系の整備

田中吉政の入国により柳川は筑後三十余万石の藩都になったことで「まち」の規模も急速に拡大し、政治、経済、文化の中心地として栄えはじめましたが、城下は良質の地下水に恵まれていませんでした。そこで、飲料水の確保など城下に質、量とも豊富な水を安定して得ることが城下のまちづくりの最大の課題であったと考えられます。

諸豪が割拠していた戦国時代と異なり、筑後全域が統一して治められることになったことや、経済的基盤の拡大と藩政の安定などのため、上流から良質な水を導くことが容易になりました。そのため「矢部川から沖端川、二ツ川を経て城下へ」*と続く水利体系が急速に整っていったのです。

いっぽう、蒲池地区などの旧三潴《みずま》郡一帯の堀は、当時すでに大部分ができあがっていて、その堀にたまった水を農業用水として反復利用していました。しかしこの地域は、もともと湿地帯であったため、水がいらない時期には水位を下げる必要があり、また年によっては春の用水期に水が不足するなど用水は不安定でした。そこで矢部川から水を導くため花宗川が開削されました。また、柳川・久留米両藩分割後には、沖端川右岸の柳川藩領内へ導水するため磯《いそ》鳥《どり》堰[*1]が築造されて、太田川が開削されました。さらに上流山間部に溜池を築造するなど用水の安定化が図られてきました。このようにして沖端川左岸地区の二ツ川水系と右岸地区の花宗《はなむけ》・太田川水系[*2]は整備されていったのです。

＊1　三橋町。元禄年間に築造。
＊2　花宗・太田川水系では、四月下旬頃から矢部川からそれぞれ堀へ引き入れられ、満水後は反復利用される（春水慣行）。

二ツ川水系では矢部川から沖端川、二ツ川を経て市街地へ、さらにそこから下流の農村部へと年間を通して供給され、いっぽう、花宗・太田川水系では、四月下旬頃から矢部川からそれぞれ堀へ引き入れられ、満水後は反復利用されています。[*]

＊　水系の管理――水系ごとにそれぞれの用水・土木組合で維持管理をおこなっている。二ツ川水系は柳川市外三カ町土木組合、花宗・太田土木組合。

＊　水利慣行・二ツ川――二ツ川からの取水については、厳しい水利慣行があった。城内へ飲み水や水運などのため優先して取水するため、上流の農用地への分水は灌漑期間の夜間（日没から夜明けまで）のみと制限されていた。また下流の場合、城内を通る水を使うが、夜間だけに取水が限定されていた。

「水争い」の歴史

先人たちが風土の悪条件と闘い、生活していく中で現在見られるような堀が出来上がっていきました。特に藩政期初期に矢部川の水を導くという画期的な水利体系が完成しました。

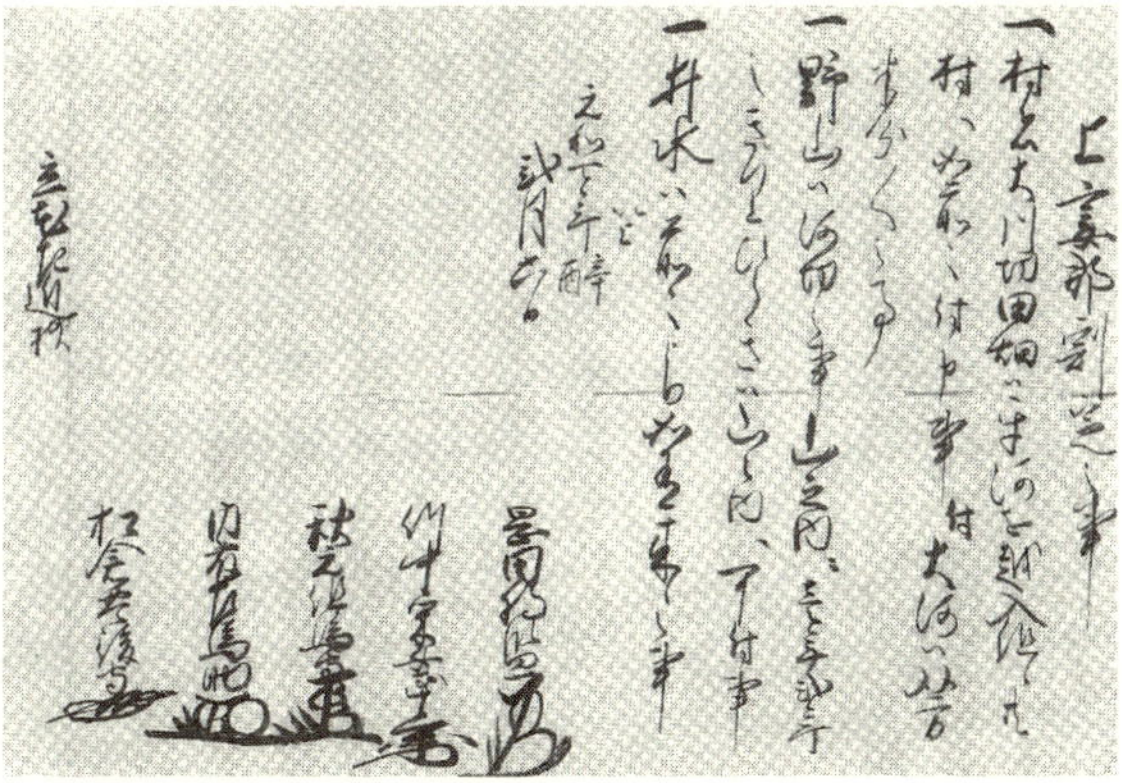
「上妻《こうずま》郡割り定めの事」（立花文書）

なかでも二ツ川は、長い間にわたって城下へ水を運び続け、重要な役割を果してきました。柳川市にとってまさに、「母なる川」、「生命線」ともいえる大事な川です。現在も市民はこの小さな川から大きな恩恵を受けていますが、その昔、二ツ川の本川である矢部川をめぐり、長い間にわたって続けられた血みどろの水争いの歴史が秘められています。

一六二〇年、田中家断絶のあと立花宗茂が再び柳川藩主として返り咲きました。自藩の水の乏しさを知っていた立花氏は自藩の三潴郡の南東部（現在の筑後市）、下妻郡の一部をあわせた美田と、久留米藩（現在の八女市・八女郡）の上妻郡の矢部川左岸側との交換を幕府に願い出ました。願いでは認められ、領地の分割統治がおこなわれました。

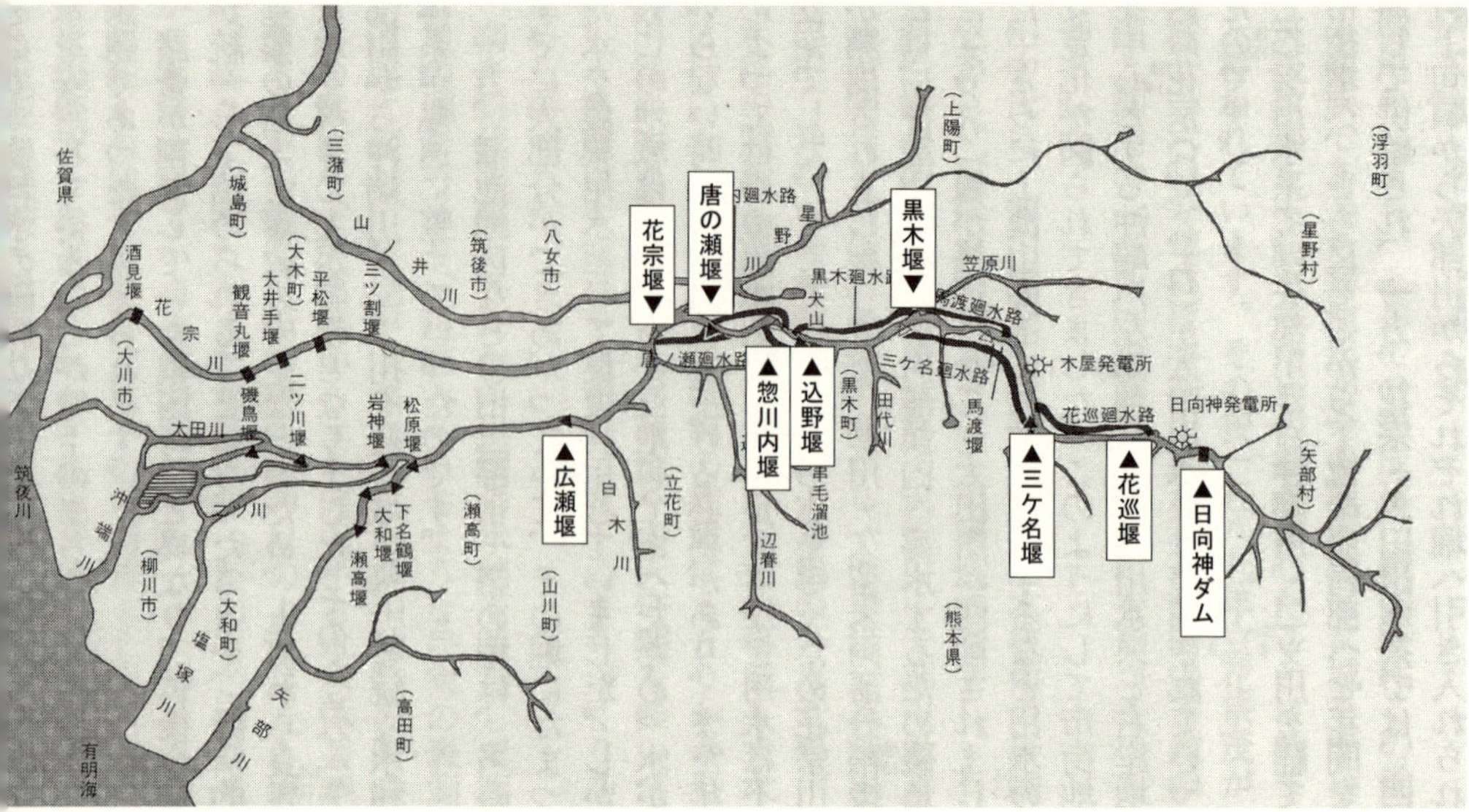

このときから矢部川は「境川」として、中上流域で左岸側が柳川藩、右岸側は久留米藩に区分され、両藩の熾烈な水争いの舞台となったのです。

柳川藩では、主に広瀬堰より下流に水田が広がっています。しかし、その上流約六キロの地点には久留米藩の花宗堰があり、矢部川の水はほとんどここから花宗川へ引き入れられてしまうため、広瀬堰にはその支流辺春《へばる》川・白木川の水が流れてくるだけとなりました。

そこで柳川藩は、花宗堰の上流にある唐ノ瀬《とうのせ》堰を強化して回水路（バイパス・唐ノ瀬水路）をつくり矢部川の水を花宗堰の下流に注ぐ辺春川に合流させたのです。当然、花宗堰には支流星野川の水が流れてくるだけになり、久留米藩も応戦していきます。

そこで久留米藩は、唐ノ瀬堰のすぐ上流に惣川内《そうかわち》堰を設け、回水路で唐ノ瀬堰の下流に水を落としました。水争いはいよいよエスカレートして、今度は惣川内堰のわずか上流に柳川藩の込野《こみの》堰が設けられ、またその上流に久留米藩の黒木堰が、さらに上流に柳川藩の三ケ名《さんがみょう》堰、そしてその上流に久留米藩の花巡《はなめぐり》堰がつくられるなど、堰づくり競争が繰り広げられました。

日向神《ひゅうがみ》ダムから川ぞいに下ると、山肌を掘りぬいた水路が右岸、左岸と交互に現れます。中には延々九キロにわたって山の中腹の断崖に石を積み重ねた回水路もあります（三ケ名水路）。

しかも、回水路の途中には助水路が設けられ、沿線の水田を灌漑したわずかな水もこれで受けて自藩の堰へ流すという仕組みになっており、一滴たりとも他藩内に水を落とさないという徹底ぶりでした。それは自藩の元堰までいかにして矢部川の水を導くかという藩の存亡をかけた大事業でした（柳川藩は広瀬堰・松原堰、久留米藩は花宗堰）。このような両藩の熾烈な水争いの跡をみると、当時水がいかに貴重なものであったかを、うかがい知ることができます。骨身を削る水争いは堰づくりばかりではありませんでした。

矢部川左岸の辺春川合流点下流から、白木川合流点までの北山地区の堤防を「千間土居」*と呼びます。

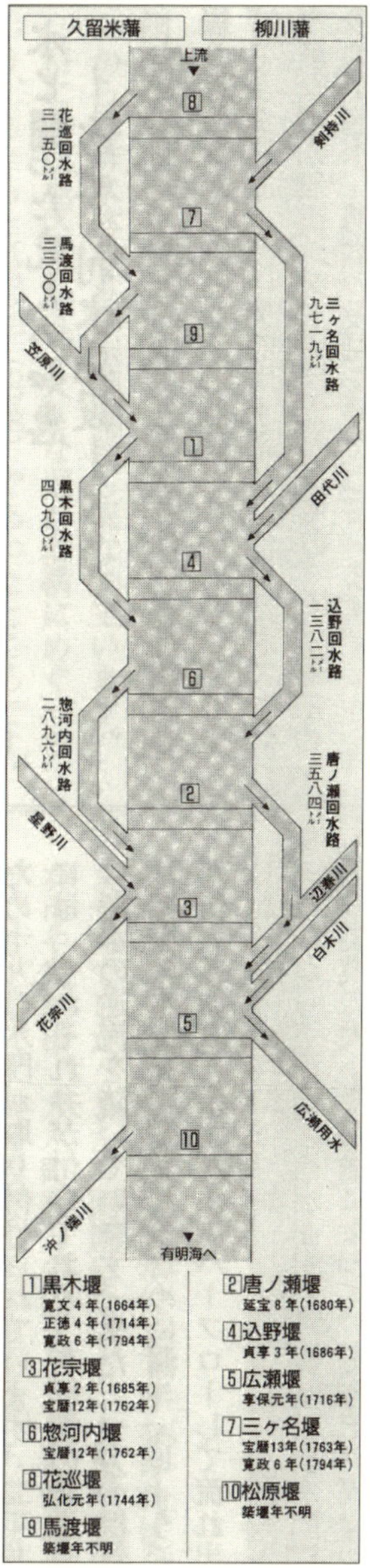

回水路の配置——『矢部川の歴史 水利編』より

松原堰

二ツ川堰

千間土居

長さが千三百間あるところから千間土居と呼ばれ、一六九五年柳川藩普請役の田尻惣馬によって築かれました。八女山地を削って流れ出た矢部川の激流は、ここで大きく左に蛇行し柳川藩にくい込む形でぶち当たります。このため、柳川藩側の堤防は洗われ、何度土居が切れたかわかりません。惣馬は、この土居の修築を命じられると、洪水のときに「おけ」に乗って渦巻く激流を下り、水の勢いを見きわめたり、流域の緩急、堤防の強弱などを調査したりして工事にとりかかりました。

＊千間土居――矢部川中流につくられた堤防（現在の立花町）。水の流れが激しいところには「羽根」といわれる水受けがあり、洪水を防いでいた。

北山地区を十組に分け、それぞれ一区画を割りあて、竹や木を植え、また隠しばねをつくって洪水に備えました。惣馬がつくった堤防は、どんな洪水にもびくともせず、土居にぶち当たった水ははねかえって、今度は対岸の堤防を壊したほどだったそうです。

水と闘った先人の知恵——治水・利水施設

水との闘い・共生の中で先人たちは、試行錯誤をくり返しながら独特な水の制御システムを作り上げていきました。特に矢部川水系では他に類を見ない高度な「水制御システム」がつくられ、今もその多くが治水、利水の役目を果しています。

矢部川は急流河川で、大量の雨水が一気に海に流れ出してしまいます。ところが、有明海に向かって広がっている農地の用水はこの雨水で賄わなければなりません。しかも下流平野部は、ほとんど勾配のない低地で、そのうえ有明海の干満の差が大きいため、満潮時には内水排除ができません。そこで、水を制御するための各種の治水、利水施設が設けられたのです。その数は水系全体では数千にも及んでいると言われ、今でも精密機械のように働きつづけ、住民の生活を守っています。

沖端川左岸地区

柳川の市街地を流れる水は、まず、瀬高町の本郷で矢部川から派川・沖端川を経て流れ込んできますが、通常、そのままではほとんどが本流へ流れてしまいます。そこで、普段沖端川へ水を流すため、分岐点付近に堰が設けられました（松原堰。現在の瀬高町）。さらに沖端川から二ツ川に水を引き込み、その

「二丁井樋」（『水の構図』より）

水は城堀や市街地の水路へと流れ込むのです（二ツ川堰。現在の三橋町）。

城堀には、二つの排水樋管[*1]（二丁井樋）と、下流の沖端地区、東宮永、両開地区へと水を引くための一九の水門[*2]が取り付けられています。二丁井樋には、それぞれ弁がついており、有明海の満潮時には海水の逆流を防いでいます。また、一方の樋管には城堀の水位を安定させるために漏斗《じょうご》が付いており、余水がオーバーフローして流れ出す仕組みになっています。

＊1　男井樋。女井樋。
樋管——形態により様々な呼称があるが、樋門《ひもん》・樋管をここでは樋管と総称する。
＊2　形態から門扉のついた比較的大きいものと、門扉のない小さな「流れ通し」とに分けられる。

城堀から下流地区へ水を引く一九基の取水門は、その規模の大小や用途によって、それぞれ異なった形態をしています。その中で主に農業用水を引く規模の大きな水門には、すぐ上流側に乗越堰が設置されています。これは、大きな水門が誤って開かれた場合、城堀の水がなくならないように水位を保つ役割を果しています。

そのほか街中や集落内を通った流れ堀の取水門は、飲料水や生活用水を常時流すために門扉や堰体《えんたい》（堤体・仕切り）の一部に穴をあけた窓付き水門や「流れ通し」になっています。これらの水門から下流の海岸地区へ流れる流れ堀には、土地の高さに応じて、旧堤防や道路の下などにさまざまな形をした樋管が

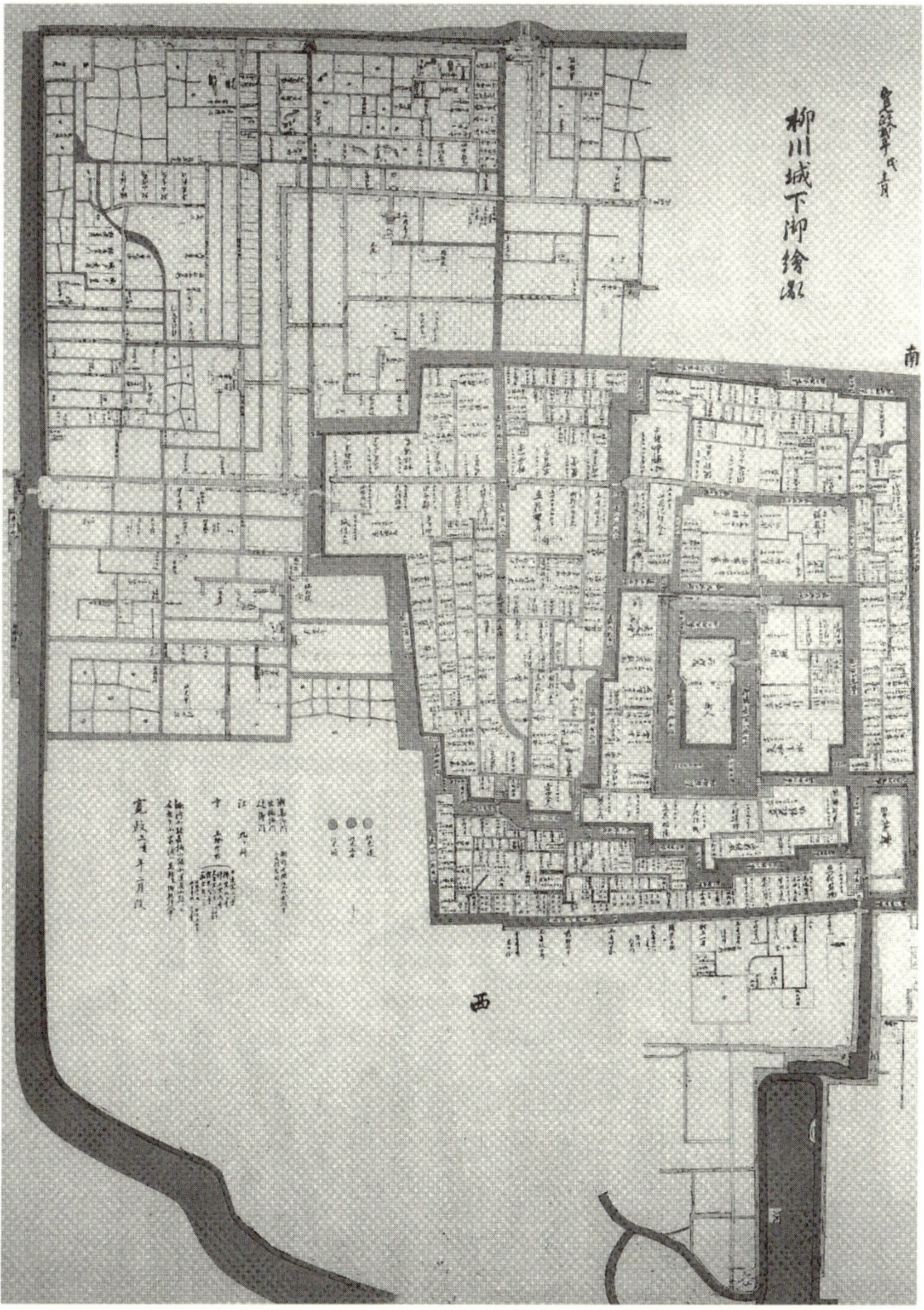

寛政年間柳川城下絵図

重なり合って設置され、流水をうまく調整しています[*]。これらの施設は、大雨時には、大量の雨水が急速に下流へ流れるのを防ぎ、地区全体で水量を調節する（「もたせる」）働きをして、内水の氾濫を防いでいます。

＊　V字橋、V・U・□・○・△型のものがある。

この内水のほとんどは、干潮時に沖端川や塩塚川の樋管から有明海に排水されます。排水樋管にはすべて、二丁井樋と同様に逆流防止の漏斗がついています。

沖端川右岸地区

沖端川右岸側の蒲池地区と昭代地区北部は、左岸側の市街地や有明海に面した農村地区とは地形の違いから用排水体系も水制御施設も異なっています。

特に蒲池地区東部は、大きな堀が縦横に巡っており、もともと低湿地（沼地）であったところです。そのため、非灌漑期（農業用水がいらない時期＝冬水）は堀の水位を下げなければなりませんでした。また、雨季になると、上流地区の八女市や筑後市、大木町などの内水が大量に流れ込んでくるため、水制御の要である樋管などの施設は、これに対応したものになっています。「底井樋《そこいび》」と呼ばれる樋管と「上井樋《うわいび》」と呼ばれるナメシ（堰れい）が組み合わされて設置されているのが特徴です。

四月下旬から一〇月中旬までの灌漑期は、ナメシの差蓋の操作で水位を調節します。ふだんは差蓋が閉められており、余水がオーバーフローして流下しますが、大雨のときは差蓋が全開されるのです。一〇月下旬から翌年の四月中旬までの非灌漑期は堀の水位は常時下げられており、調節は底井樋の操作でおこなわれます。

矢部川水系では、上流の山間部の棚田から最下流の干拓地に至るまで、多種多様の水制御施設が数多く設けられています。降った雨を一滴でも無駄にしないよう苦心と努力がなされているのです。もともと水環境がきわめて劣悪な広大な平野の悪条件を克服するために独特な手法が駆使されて、今日のような巧妙な水制御システムが確立されてきたのです。治水・利水施設はまさに、水と闘い共生した先人の英知の結晶なのです。

堀の機能と役割

先人たちが風土の悪条件を克服するためにつくりあげた堀は、住民の生活と密接にかかわり、重要な役割を果してきました。現在も、これらの堀は多くの機能を持ちつづけています。*

＊　堀の機能——物理的な働きのほか、農業用排水、散水や洗い物などの生活用排水、それに防火用水など生産や生活と直接かかわる機能を持っている。また、魚釣りや水遊びなどを楽しませてくれる「レクリエーション機能」や、水と緑の景観を形成し、都市のオープンスペースとして潤いやゆとり、やすらぎを提供する「空間機能」、魚介類や昆虫、鳥類、ヒシ、水草などの動植物を育成して生態系を保ってくれる機能もある。

水を遊ばせて洪水を防ぐ――遊水機能

堀の主な機能のうち、柳川にとって欠かすことのできない重要な機能の一つは、「遊水機能」です。遊水機能とは、一時に多量の雨が降った場合、この雨水を一時遊ばせて河川に大量の水が流れ出すのを軽減し、洪水を調節する働きのことで、水田や堀は、この機能が大きく内水氾濫を防ぐ大切な役割を持っています。特に柳川市の場合、有明海の満潮時には海面のほうが高くなり、内水排除ができません。そこで、大雨と満潮が重なった場合には、堀や水田が雨水を遊ばせて内水氾濫を防ぐわけです。とりわけ市街地では水田が少ないため、堀は重要な存在なのです。

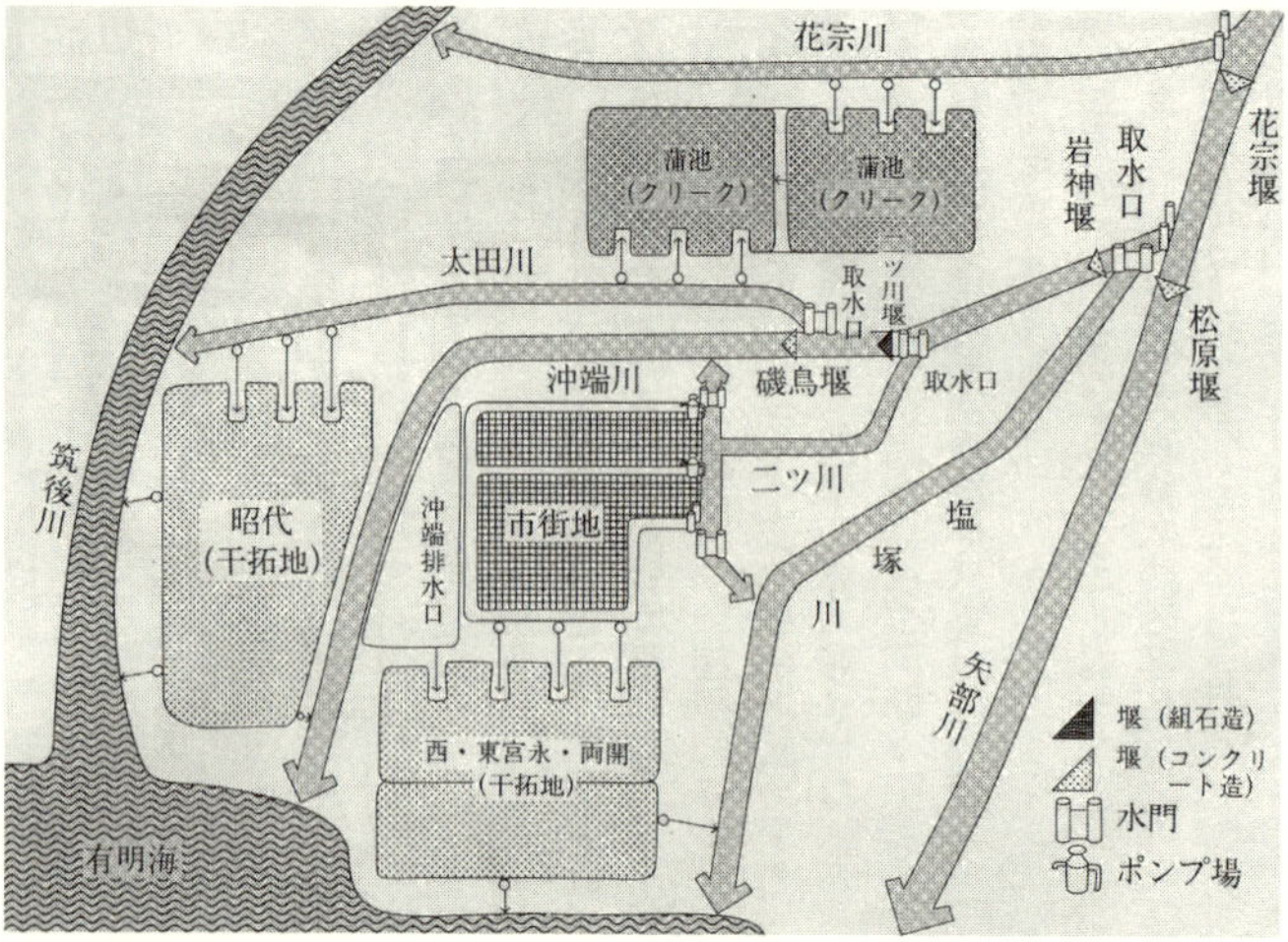

柳川市内の水系

雨水をためて干害を防ぐ――貯水機能

つぎに、農業用水をはじめ各種の用水を蓄える「貯水機能」です。

柳川市の用水源*である矢部川は急流河川であるうえ、有明海がつくった広大な平野（農地）まで賄わなければなりません。このため、矢部川水系では古くから用水不足に悩まされてきました。特に柳川は、この矢部川水系の最下流に位置しており、藩政時代には矢部川上流から用水を確保する熾烈な水争いを繰り広げていたほど深刻な問題でした。

くもで網

この水不足を克服するため、先人たちは大変な苦心と努力の末、現在みられるような巧妙な水制御システムをつくりあげたのです。それでも、灌漑期に日照りが長く続くと、矢部川の水は上流地域の農業用水に取られてしまい、柳川市まではなかなか届きません。このようなときには、堀に蓄えられた水が、これを補って干害を防いでいるのです。

このように、堀は水をためるということで、降りすぎた雨水を一時遊ばせて内水氾濫を防ぐ「遊水機能」と同時に、農業用水をはじめ各種の用水を蓄える「貯水機能」

＊ 筑後川は有明海の潮が久留米市の上流部まで溯るため、平野の用水をまかなうことができず、平野の南部を流れる矢部川に用水を依存しなければならなかった。

を併せ持っているのです。

地下水を涵養して地盤沈下を防ぐ――地下水涵養機能

堀は水を蓄えることで、各種の用水に備えるばかりではなく、地下水を涵養して、直接、間接に地盤沈下を防いでいます。特に柳川市では、有明海の満潮時には市域の大半が海面よりも低くなるため、この働きはきわめて重要です。

柳川市をはじめ有明海北部沿岸一帯は、有明海の潮汐作用で形成された海成沖積地で、「有明粘土層」*と呼ばれる水分を多く含んだ地層で構成されています。そのため、この層から水が抜けると、層は大きく縮み地盤が沈下します。自然の状態では、雨水や川、池、堀などの水が地下にしみ込んで地層の中を海に向かって流れています。地層から水を汲み上げると、まず、その付近の水圧が下がります。すると新たな涵養（補給）が促進されて一定の量が保たれるものです。しかし、汲み上げるとどれだけでも涵養されるかというと、そうではなく一定の限度がありますが、堀の水はそうした地下水の収支のバランスを保つのに役立っているのです。

＊　水分を多く含む粘土層（層の約七〇パーセントが水）で、平均して地表から一五～二〇メートルの厚さで、深いところでは三〇メートル以上にも及ぶ。

清流を保つ——自浄・浄化作用

川や堀には、生活排水などの汚れ（有機汚染物質）が流れ込みます。しかし堀は、そこに生息している微生物（分解者）の力を借りて、その汚れを分解し、水をきれいにする力「自浄作用」を持っています。

微生物は、有機物を分解するとき水中の酸素を消費します。* そのため、有機物質の分解には、その量に見合った量の酸素が必要です。川の浄化力の大きさは水量や水流に比例して決まります。また、流入汚染物質が少なければ、川の自浄作用できれいな水が保たれますが、限度を超えた汚染物質が流入すると水中の酸素は消費されてしまい、それ以上の分解は進みません。消化不良を起こして川の汚濁が進むわけです。

* ＢＯＤ（生物化学的酸素要求量）。水中の汚濁物質が微生物により分解されるのに必要な酸素量のことで、河川の汚濁指標として用いられている。

汚れを分解するために消費される酸素は、空気中からの溶け込みと、水流による水の入れ替わり、それに水中植物によって補給されます。特に、流れや風波は空気中からの酸素の溶け込みを促進し、川の浄化力を高めます。

自然の川底には多くの微生物や水生小動物などが生息していますが、水が流れると、その分解者に酸素がよく届いて分解者の働きが活発になります。つまり、水は流れるときれいになるのです。*

* 清流を保つ決め手——①汚濁物質の流入を抑える②微生物（分解者）の住み心地をよくする③流れをよくする。

水の循環と生態系

水は地球の表層と大気中を循環しています。地上に降り注いだ水（雨、雪など）は、一部は地中に吸い込まれ、一部は地肌を削って沢となり、やがて川となって海に注ぎます。その水はまた、やがて蒸発して大気中で雲となり、冷却されて雨や雪になっていきます。地表を循環する水は、土中の微生物の働きを活発にし、様々な生物の活動で生まれた老廃物を栄養源として植物が吸収しやすいようにするのです。また水自身も植物や動物、大地を構成します。

このように、水の循環は生態系を維持していくうえで欠かせないものなのです。水の働きで、土中の分解者（微生物）と消費者（動物）の食物連鎖が維持され、動物と植物の間の共生関係が成立し、バランスが保たれているのです。人間の生活も有史以前から、この循環過程の中から動植物を取り出し、余ったものと廃棄物を土に返すことによって営まれてきました。

ところが今日では、都市の膨張や科学技術の発達で生態系のバランスが崩れつつあります。水の浸透をたつアスファルトやコンクリートで覆われた地表などでは土中の微生物の活動が鈍り、自然浄化力が低下する一方、生産・消費活動の膨張により自然浄化力を超えた汚染物質が排出され、分解されないまま蓄積されています。また、自然の浄化力では分解されない物質も排出されています。そこに大雨が降

ヒシの実とり（秋）

ると、蓄積していた汚濁物質が洗い流され、河川などへ流入して水質汚濁を進行させているのです。さらに今日、水環境が悪化して飲み水までもが安全かどうかと心配されており、水の循環のメカニズムを壊して生態系のバランスが崩れたためだと考えられています。私たちは、水が植物をつくり、植物が土をつくり、土がきれいな水をつくるという生態系の営みを再認識し、水の循環のメカニズムをできるだけ壊さないように心がけ、実践しなければなりません。

多くの働きをもつ堀は、こうした水の循環活動の中から生まれたものです。水は循環することで多くの働きをし、この水の循環活動を拡大させ、土地の生産力を高めるためにつくられたのが、この地方一帯に張り巡らされた堀だったのです。

堀は柳川の財産——きれいにして後世へ

川や堀は先人たちが風土の悪条件と闘い、水と共生していくなかで形成されていきました。それは、劣悪な低湿地を沃野に変えるための気の遠くなるような長い時間をかけての作業でした。

そして、川や堀は柳川地方の自然と風土をなし、人々の生産活動や暮らしを支え、文化をも育んできました。そのため、先人たちは、いつの時代でも川や堀に感謝し、大切にし、それをまもるために今から考えると、わずらわしいほどの付き合いをしてきました。*

＊ 汚水や排水を溜枡《ためます》（「たんぼ」と呼ばれる）に落とし、土の浄化力によってきれいになった水を堀に流していた。農村部では、秋の落水の頃は「堀干し」がおこなわれ、獲れた川魚は食糧になり、掘り上げた泥（ゴミ）は肥料となる集落内で欠かせない年中行事であった。そのほか、水路の補修や除草などの共同作業で、地域的な水質管理や堀の保守が維持されていた。また、川や水の神を祀る行事なども、地域社会の連帯意識を育んでいた。

また、先人たちは豊かな水を得るために労苦を惜しみませんでした。このような努力の結果、かつての柳川の川や堀は、満々と清らかな水をたたえ続けていました。ところが、昭和三十年代以降、それまで絶やしたことのなかった川や堀との付き合いを捨て去ってしまい、堀の荒廃が進みました。*その結果、市民の生活を支え、安らぎや潤いをもたらしてくれた川や堀は、一転して生活環境を阻害するようになりました。

集落の年中行事「堀干し」

水と親しむ「堀ンピック」

＊ 昭和三十年代以降の堀の荒廃――水道の普及で簡単に水が手に入るようになったこと、化学肥料の使用で客土として堀の利用がなくなったことなどから、使う水と捨てる水を区別するようになり、水に対する意識が変わってきたと考えられる。

昭和五十二年に策定された「河川浄化計画」は、①堀の整備（浚渫《しゅんせつ》による流水の確保）②汚水の流入抑止（浄化槽設置や溜枡の普及）③市民参加による堀の「維持管理」という内容であった。その後も水の浄化に加え、水辺空間の環境整備が図られている。水辺の散歩

河川浄化計画

- 河川整備
  - 浚渫
  - 流水の確保とその維持
  - 緑化
  - 処分地の確保
- 汚水の流入抑止
  - 排水のバイパス設置
  - 雑排水の簡易汚水処理施設の設置
  - 特定事業場の廃水処理施設の設置
  - 大規模事業場の排水処理施設の徹底
  - し尿浄化槽の放流水の水質改善
- 維持管理
  - 定期的浚渫
  - 日常清掃の強化
  - 用排水路管理条例の改正強化
  - 美観地区の拡大
  - 河川監視員の設置
  - 住民啓蒙の徹底
  - し尿浄化槽維持管理専門業者の設置

道、親水護岸など。
主な計画・施策　①アメニティタウン計画（昭和五十九年度）②第三次柳川市総合計画（平成三～十二年度）③あめんぼシティ構想（平成三年度）。

そこで市では、昭和五十二（一九七七）年から住民参加で河川浄化計画に着手し、川や堀との付き合いを再開しました。市民と行政の二人三脚で取り組んだ結果、四十年代のみじめだった柳川の堀がよみがえったのです。

しかし、まだ往時とは程遠く、多くの家庭で合成洗剤が使われたり、食用油がたれ流しにされたり、ゴミを橋の上から投げ捨てられたりしているのが実情です。

人間の歴史とともに歩み続けてきた、この貴重な財産を再びきれいなものにして後世に引き継いでいくこと——わたしたち一人ひとりが心がけなければならない問題ではないでしょうか。

（初出、『柳川市報』「水の歴史探訪」
一九八五年八月～八七年一月、一六回連載）

著者紹介

広松 伝（ひろまつ・つたえ）

1937年、柳川市生まれ。現在、柳川市立水の資料館嘱託。水の会会長。全国水環境交流会代表幹事。

1957年、柳川市役所入所、主に水道事業に携わる。1977年、荒廃し埋め立てられることになっていた柳川市街地の堀割再生に奔走、住民を巻き込んで取り組む。その活動記録は、宮崎駿・制作、高畑勲脚本・監督の長篇記録映画「柳川堀割物語」で広く紹介された。以後、水と人間とのかかわりあいはどうあるべきか、技術文明一辺倒の現代において水思想がいかに大切かを訴え続ける。

著書に『ミミズと河童のよみがえり』(河合文化教育研究所、1987)、『改訂新版　下水道革命』（共著、藤原書店、1990）、『地域が動き出すとき』（共著、農山漁村文化協会、1990）、編著に、柳川市で開催された第五回水郷水都全国会議の記録『柳川堀割から水を考える』（藤原書店、1990年）がある。

第15回山本有三記念郷土文化賞受賞（1993年）、河川功労賞受賞（〈社〉日本河川協会、1998年）、第1回日本水大賞「市民活動賞」受賞（日本水大賞顕彰制度委員会、1999年）。

よみがえれ！“宝の海”有明海
――問題の解決策の核心と提言――

2001年7月30日　初版第1刷発行©

著　者　広　松　　伝
発行者　藤　原　良　雄
発行所　株式会社　藤　原　書　店

〒162-0041　東京都新宿区早稲田鶴巻町523
TEL　03（5272）0301
FAX　03（5272）0450
振替　00160-4-17013

印刷・製本　美研プリンティング

落丁本・乱丁本はお取り替えします
定価はカバーに表示してあります

Printed in Japan
ISBN4-89434-245-6